自然栽培の手引き

～野菜・米・果物づくり～

のと里山農業塾 監修

粟木政明　廣 和仁 編

創森社

ズッキーニなど
果菜類の圃場

自然栽培の実証と可能性～序に代えて～

のと里山農業塾

　近年、土中の土壌微生物や土壌生物、植物のはたらきが見直され、土壌の状態が植物と共存共栄の関係をつくりだしていることがわかりかけてきています。

　このことを自然栽培では重視し、慣行栽培（広く行われている一般的な農業）のように土壌（床土）を無機質なものとしてとらえず、農薬や肥料など余計なものをいっさい与えないことを基本としています。そのため、①自然の生態系に寄り添った栽培をすること、②土壌圏を生かし、土壌環境を整えること、③無農薬、無肥料にすること、④植物が本来持っている力を引き出し、安全な農作物の安定生産を図ること、などを念頭に置いています。

　もちろん、自然栽培は誰でも取り組める栽培法ですが、一概にたやすいものとは言い切れません。ご交誼、ご指導いただいた木村秋則《あきのり》氏は不可能といわれた無農薬、無肥料のリンゴ栽培を実現するのに30年余りの歳月を要しています。もちろん、心血を注ぐだけの価値のあるものと信じてきたからこその成果といえましょう。

「のと里山農業塾」が開塾してから、前身の「自然栽培実践塾」の時期を含め12年余りになり、これまで、すでに積み重ねた自然栽培の野菜・米・果物づくりのノウハウを一書にまとめることにしました。改めて自然栽培にかかわる関係各位にご執筆、ご協力いただいたことに謝意を表するしだいです。

　本書を手がかりに、これまで以上に日々の観察や知見、創意工夫によって自然栽培の考え方、取り組み方が追究され、実証されていくことにつながれば幸いです。

第1章 いま、なぜ自然栽培なのか

粟木政明 13

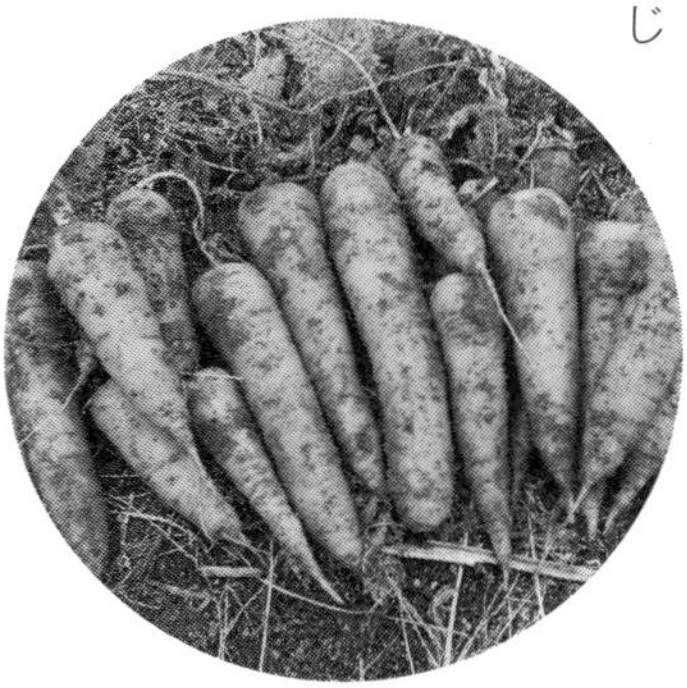

収穫したニンジン

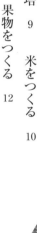

ハクサイ畑

〈葉茎菜類〉

〈根菜類〉

ナスの結実

実りの稲穂

第4章 自然栽培の果物づくり

砂山博和　ほか

熟したイチゴ

第5章 自然栽培による地域再興へ　栗木政明 241

オクラの花と実

本書の見方・読み方

◆「自然栽培」は、不可能といわれたリンゴの完全無農薬・無肥料の栽培を成し遂げた木村秋則氏が『自然栽培ひとすじに』(2007 年、創森社)を著した頃から打ち出し、提唱している言葉です。

◆第 1 章、第 5 章は「JA 新規就農者支援対策ハンドブック」(JA 全中)などをもとに、第 3 章は「木村式自然栽培水稲マニュアル」(羽咋市)などを参考に、筆者がまとめ直したものです。

◆自然栽培の果物づくりは、巻末インフォメーション掲載の種々の自然栽培関係組織、団体、グループなどの協力のもとに、自然栽培による果物生産者の報告などを主体にしています。

◆自然栽培の取り組みは品種、地域、気候などによって違ってきますが、各地に派生した独自の自然栽培もあり、いくぶん栽培方法が異なる場合もあります。

◆年号は西暦を基本としていますが、必要に応じて和暦を併用しています。

収穫期のクウシンサイ

自然栽培GRAFFITI

農業塾で学ぶ自然栽培

粗く耕起し、土の偉力を引き出す

ハウスは自然栽培専用の研修施設

研修所で野菜栽培を受講する

かつて、米づくりの実技として種籾を育苗マットに播種

この日は、穴あきマルチに野菜苗を定植。コロナ禍でオンライン授業に対応

▶自然栽培概論の受講の際に行うワークショップ

米をつくる

タイヤのチェーンを引きずって除草。農機に取り付けて引きずることもできる

健やかに育つ苗（列間を広くとって植えてある）

コンバインによる稲の収穫

自然栽培の田んぼでは、クモの巣をよく見かける

ブランド農産物となった自然栽培米

◀稲をはさにかけて天日乾燥

野菜をつくる

取れたてのスナックエンドウ

◀スナックエンドウの開花。蔓が伸び、広がる

キュウリの雌花

◀種採り用のキュウリ（夏節成キュウリ）

▶サツマイモ畑。黒マルチをして放任で育てる

自然栽培による野菜をコンテナに詰め分ける

▶掘り上げたサツマイモ

果物をつくる

収穫適期のウメ（南高）
＊三尾農園・本文 180 頁～

▶ウメ干しの土用干し

鳥獣害対策としてハウスにネットをかぶせる
＊砂山ぶどう園・本文 164 頁～

▲安芸クイーン

▲マスカットベーリーA

収穫期を迎えたイチゴ
＊みどりの里・本文 204 頁～

◀パックに入れ、計量

◀収穫したばかりの温州ミカン
＊イベファーム・本文 214 頁～

第1章

いま、なぜ自然栽培なのか

粟木 政明

自然栽培の稲が登熟（石川県羽咋市）

命を支える食べもの

「いま、わたしたちが食べている食べもののほとんどは『plant 植物』からではなく、『plant 工場』からできている」（映画「フード・インク」ロバート・ケナー監督）

わたしたちの体は食べものでつくられています。昔から日本人は「食は命なり」「医食同源」「薬食一如」などというように食、医を総体的にとらえ、食べものの大切さをいろいろな形で伝えてきました。しかしながら、そのような大切な食べものがつくられる工程について、ときにわたしたちは鈍感であり、見ず知らずの人に託しきってしまっているのではないかと疑問に感じることがあります。

もちろん、わたしたちの知り得る範囲には限界があり、それを事細かに開示していくことが必ずしも幸福な食事、健康長寿につながるとはかぎりません。しかし、経済的に利益のみ生み出そうとする一部の人の手によっていまの「食」がつくりだされていて、その工程すべてが独占され、冒頭の映画監督の言葉が暗示するように工場生産になっているのだとしたらどうでしょうか？　そこには、果たして農業者と生活者の幸福は加味されているのでしょうか？

ややもすれば、生産と消費が分断されがちな現代。食べものの生い立ち、工程を自分事としてとらえにくく、映画監督の言葉をすべては仮説とは言い切れないところに食と農の抱え込む問題の深刻さがあります。この問いかけに対する解を探る手がかりとして、自然栽培を導入したいきさつ、自然栽培の考え方、取り組み方、さらに自然栽培を広げていくための農業塾を開催していることなどについて述べることにします。

自然栽培との出会い

筆者が自然栽培と出会ったのは、いまから十数年前、たまたま手に取った木村秋則氏（青森県弘前市）の著書などを読んだことからです。

30年余りの歳月をかけ、不可能といわれたリンゴの無農薬、無肥料栽培を実現したのには脱帽しました。日本にも「こんな農家さんがいたのか」と驚き、感動したことをいまでも思い出します。

木村氏の自然栽培は、妻の美千子さんが農薬を使うたびに皮膚の炎症などに苦しんだことから、徐々に完全無農薬、無肥料でのリンゴ栽培に切り替えていったことがそもそもの始まりです。しばらくの間、リンゴの樹は病虫害で見るも無残な姿になったり、収穫ゼロで収入ゼロに陥ったり、病虫害発生の波及を恐れた近隣農家から中傷されたりしたとのことです。

艱難辛苦の末、人の手の入らない自然環境が自然界の絶妙なバランスのもとに維持、保全されていることからさまざまなヒントを得て、やがて安全・安心、美味のリンゴを収穫できるようになり、一定の成果をあげることができるようになりました。一躍時のひとになったのです。木村氏の著書『自然栽培

待ちわびたリンゴの花がほころぶ

ついに無農薬、無肥料のリンゴを生産

木村秋則氏と苦労をともにした妻の美千子さん

ひとすじに』（創森社）の中から、少し長くなりますが原文のまま抜き出して紹介します。

「農業は、人間が健康を維持していくために欠かせない食べ物をつくる産業です。その農業が原因で人々の健康が失われたり、自然環境が破壊されたりするというのでは、本末転倒というほかありません。これでは私たち農家も、胸を張って食べ物をつくれなくなってしまいます」

「近代農業、慣行農業が薬や毒（本質的に薬と毒は同じものです）を用いて、作物を育てるうえで都合の悪いもの（病気や害虫）を排除する、言い換えれば人間が自然を制御しようとする手法だとすると、自然栽培は病気や虫を作物が教えてくれる何らかのサインととらえ、自然に寄り添いながら作物を育てる手法です」

自然栽培の教え

自然栽培は、無農薬、無肥料で取り組みますが、単に農薬、肥料を使わないだけの農業ではありません。自然を破壊したり、コントロールしたりするのではなく、自然に寄り添う農業です。そのためには、土壌環境を良好にし、農作物をよく観察し、いかに健全に生長させるかを追究します。また、自然栽培は植物の本来の力を最大限に引き出し、生かす農業であるともいえます。

現代農業は、化学肥料と農薬の使用を前提として成り立っています。これは生産効率を上げ、収量の飛躍的な増加をもたらし、世界の食料生産に大いに貢献してきました。その反面、大規模化・効率化一辺倒によって農業の持続可能性、食の安全性に疑問が出され、環境問題などを引き起こしています。

木村秋則氏によれば、そもそも自然栽培はほったらかしにして自然に任せる放任栽培ではなく、むしろ作物自身が持つ能力を発揮し、よく育つために積極的なはたらきかけをする取り組みとのことです。外部からの化学肥料の投与ではなく、土壌中の微生物、生物の力などをじゅうぶんに利用し、生態系のなかで養分の循環を活発化し、作物への養分の供給を促すものです。

表1-1　作物の栄養素（必須元素）とそのはたらき

種別		元素名（元素記号）	主なはたらき
水と空気		炭素（C）	光合成に不可欠。炭水化物、脂肪、タンパク質など植物の体をつくる主要元素
		酸素（O）	呼吸に不可欠。炭水化物、脂肪、タンパク質など植物の体をつくる主要元素
		水素（H）	水としてあらゆる生理作用に関与。炭水化物、脂肪、タンパク質など植物の体をつくる主要元素
多量要素	三要素	窒素（N）	葉や茎の生育を促して植物体を大きくする「葉肥」とも呼ばれる
		リン（P）	「花肥」や「実肥」とも呼ばれる。花つき、実つきをよくし、その品質を高める
		カリウム（K）	茎や根を丈夫にし、暑さや寒さへの耐性、病虫害への抵抗性を高める。「根肥」とも呼ばれる
	二次要素	カルシウム（Ca）	細胞組織を強化し、体全体を丈夫にする
		マグネシウム（Mg）	リン酸の吸収を助け、体内の酵素を活性化させる。葉緑素の成分。苦土ともいう
		イオウ（S）	根の発達を助ける。タンパク質の合成にかかわる

注：①このほか、微量要素の元素として塩素（Cl）、ホウ素（B）、鉄（Fe）、マンガン（Mn）、亜鉛（Zn）、銅（Cu）、モルブデン（Mo）、ニッケル（Ni）がある。
②『土がよくなりおいしく育つ不耕起栽培のすすめ』涌井義郎著（家の光協会）を改変

さて、植物の生育に必要な栄養素（必須元素）として、炭素、水素、酸素、窒素、リン、カリウムなど合計17種類の元素が知られています（**表1－1**）。このうち、炭素、水素、酸素以外の元素が不足しがちで、植物が正常に生育するためには天然の供給量だけでは不じゅうぶんとされています。特に窒素、リン、カリウムは吸収量が多くて不足するため、肥料の三要素となる窒素（N）、リン酸（P_2O_5）、カリ（K_2O）の形で施されることになります。

ちなみに窒素は、空気中に8割ほど存在して自然界最強の結合力を持つとのこと。その窒素は、植物の原形質や葉緑素を構成するタンパク質の主要成分です。植物の生育に欠かせないもので、茎葉や根を伸長させ、葉色を良くします。不足すると葉が黄化したり、下葉から枯れ上がったりして生育不良となります。

窒素の補給と根粒菌

それでは肥料や堆肥を用いず、どのように土壌に窒素を補給できるのでしょうか。自然栽培における

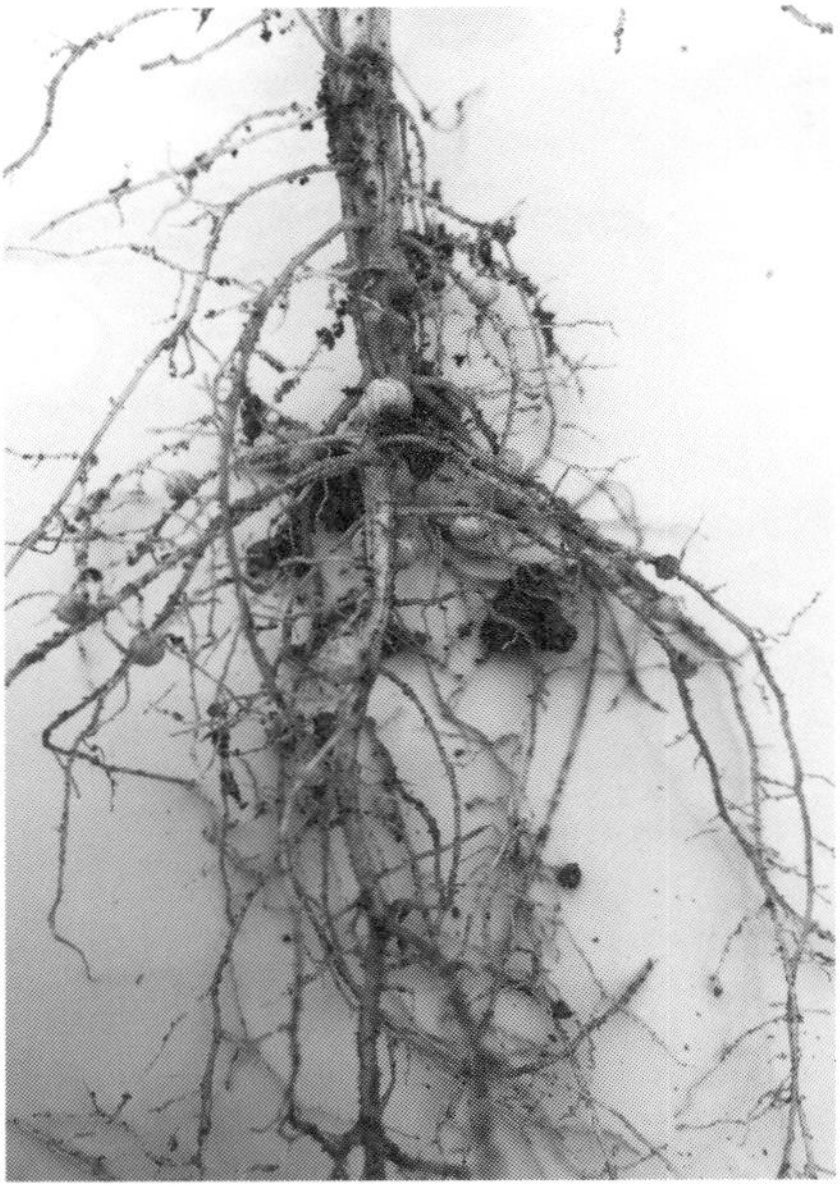
ダイズの根粒が根粒菌の住みか

カボチャとダイズの混植

重要なテーマの一例ですが、野菜づくりではダイズをはじめとするマメ科植物の力を借りることにしています。
マメ科植物の根には、ゴマ粒よりも少し大きめのこぶ（根粒）がつきます。根粒は根粒菌の住みかなのですが、根粒菌は宿主のマメ科植物から養分をもらい、逆に空気中の窒素ガスを固定して宿主に供給するという共生関係にあります。根粒菌がため込んだ窒素は、すべて宿主であるマメ科植物と根粒菌自身が消費するわけではなく、ある程度土中に残ることになります。
植物が根から吸収する窒素は、主としてアンモニア態窒素と硝酸態窒素などの無機窒素です。自然生態系では、これらの無機窒素は①窒素固定細菌やマメ科植物の根に共生する根粒菌による生物的固定、②有機物や生物に含まれる有機窒素の分解を通じた放出が主な供給源です（**図1－1**）。
自然生態系とは異なり、農地生態系では絶えず窒素不足の問題がつきまとい、慣行栽培・有機栽培を問わず、肥料を農地に投入することを前提（ここ数

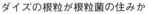

図1-1　自然生態系における窒素などの供給

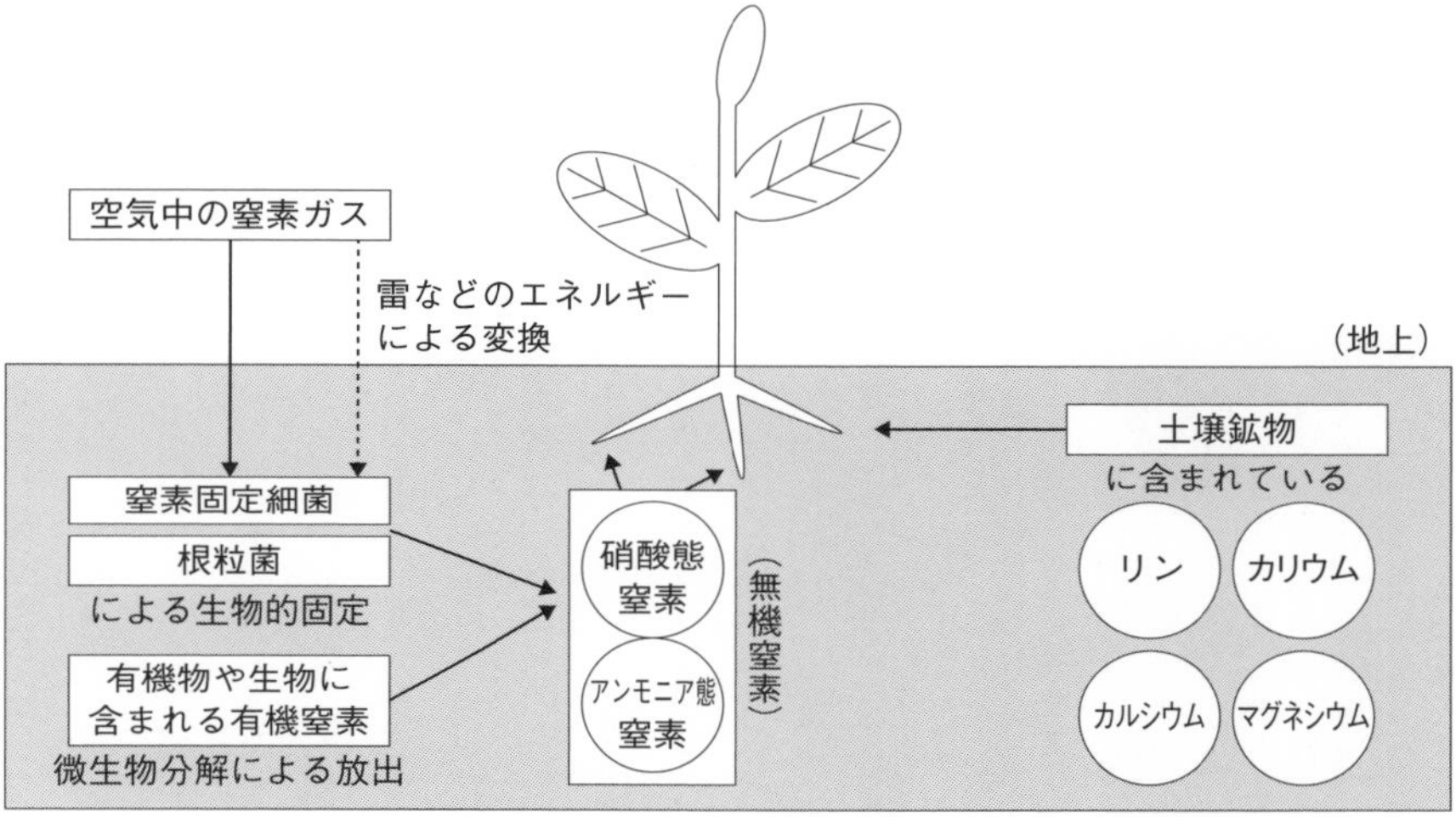

注：①『ここまでわかった自然栽培』杉山修一著（農文協）より
②窒素固定とは、空気中の窒素ガスが有効にはたらくように窒素化合物へと形態が変わることをいう

年、過剰窒素の問題が起きています）としてきたといえます。しかし、自然栽培は農地を生物間の複雑で柔軟な相互作用などにより、自律的に窒素循環が行われる生きた生態系としてとらえ、資材を投入せずに作物生産を可能にする農地システムを整えようとするものです。

ここで重要なのは、多種多様な微生物や生物、昆虫、植物が生きること、そして死ぬことによって成り立つのが自然栽培だということであり、そこから生まれる農産物という命を、わたしたちはいただいているということです。食事をする前に「いただきます」という意味は、まさにここにあります。

実践的で融通性のある自然栽培

ところで、化学肥料も農薬も使用しないで作物を栽培するという点では、自然栽培は有機農業、自然農法などの環境保全型農業と大所では共通点があります。

有機農業は近代農業（慣行農業とも呼ばれ、広く一般に行われている農業）の反省に立って、農薬や

土壌は団粒構造でふかふかの状態

化学肥料を使用せず、堆肥や有機物を施して成り立たせるもの。もっとも一口に有機農業といっても、自然の状態に近いもの（主に生産者と消費者が提携するタイプに多い）から、慣行農業に近いもの（主として量販タイプ）までさまざまです。有機ＪＡＳ（日本農林規格）制度（２０２１年）などが発足したりしたものの、依然として有機農業の足踏み状態が続いているため、農水省は「みどりの食料システム戦略」（２０２１年５月）を発表。有機農業を推進し、農業の環境への負荷を下げることなどを打ち出しています。

また、自然農法は宗教者である岡田茂吉氏と思想家の福岡正信氏（愛媛県伊予市）によって、同じ頃に個別に提唱されています。

福岡氏の自然農法は、養分循環と生物間の相互作用の発達を自然に任せますが、自然栽培は人間がほどよく手を加えることで養分循環と生物間の相互作用の発達を促そうとするものです。

福岡氏の自然農法は、「放任」栽培ではなく、「自然型」に近づける栽培方法であるとしていますが、自然界を深く洞察されているものの農地における「自然型」とはなにか、「自然型」にして栽培するにはどうすればよいのかということについて具体的に述べられていません。

自然栽培の圃場調査でわたしたちの地域にもお越しいただいたことのある弘前大学元教授の杉山修一先生は、自然栽培と自然農法は類似するところはあるが、それぞれの基盤にある考え方、取り組みのきっかけには異なる点があり、自然栽培のほうは誰でも容易に取り組むことができ、実践的で融通性があ

表1-2　農法の類型と栽培技術

農　法	主な栽培技術	備　考
慣行栽培（慣行農業）	耕起、除草、化学肥料、合成農薬	少品目（F_1種の種）。栽培法は人体への影響が大きく、環境への負荷が高い
有機栽培（有機農業）	耕起、除草、有機質肥料、非合成農薬	提携タイプ（多品目）と量販タイプ（少品目）がある
自然農法	耕起〜不耕起、除草〜無除草・草生活用、有機質肥料（原則は植物由来）、無農薬	多品目
自然栽培	耕起、除草、無肥料、無農薬	多品目。マルチ
自然農	不耕起、無除草〜刈り倒し、無肥料、無農薬	多品目。肥料は「補い」として生ごみ、米ぬかなどを田畑に還すこともある

注：①『ここまでわかった自然栽培』杉山修一著（農文協）をもとに改変
②環境保全型農業には、このほか炭素源を主体とした炭素循環農法、土着微生物や天恵緑汁などを生かした自然農業などがある
③各農法には中間型、組み合わせ型などがあり、必ずしも一様ではない

ることを指摘しています。自然栽培の技術について触れた一例を紹介しましょう。

「地力を上げるには、土壌微生物が活性化できるように、土壌環境を整えることが必要になる。また、病害虫を抑えるためには、農地に天敵や競争者を増やす必要がある。無肥料・無農薬栽培を可能にするには、農地生態系のシステムを変える必要があり、それが自然栽培における栽培技術の中核を成している」（『ここまでわかった自然栽培』農文協）

もちろん、自然栽培は有機農業や自然農法、自然農などの環境保全型農業（**表1－2**）を真っ向から否定するものではありません。ここでは、近年の有機農業は未完熟な有機質肥料を使用したり、有機質肥料を大量に使用したりすることにより、硝酸態窒素の過度の蓄積を引き起こし、土壌悪化や環境汚染など土壌中の生態系のバランスを崩しやすいという課題が残っていることを指摘するにとどめます。

もっとも1970年代から取り組まれてきた有機

農業に比べ、自然栽培は必ずしも実証例が多くなく、まだまだ技術的な蓄積が足りないところもあり、課題も山積しています。消費者に支えられ、生産者に受け入れられる技術としてぜひとも確立させていきたいところです。

工業と農業との決定的な違いは、農業が命を扱っていること、命を生み出していることであり、この根源的なところをわたしたち生産者は決してなおざりにしてはならないでしょう。

植物を尊重し、微生物を尊重し、自然を尊重し、人間を尊重する自然栽培は、単なる農法の一つではなく、人間としての生き方にもつながるものといって過言ではありません。

自然栽培の田植え（のと里山農業塾）

農業塾での取り組み

ＪＡはくい（はくい農業協同組合。石川県羽咋《はくい》市ほか）は、自然栽培を支援し、自然栽培を学ぶための研修事業「のと里山農業塾」を運営しています。

ＪＡはくいが自然栽培に取り組むきっかけは、２０１０年（平成22年）２月に『奇跡のリンゴ』の書籍などで有名な木村秋則氏の北陸で初めての講演会が、羽咋市の主催によりＪＡはくいの当時の組合長が実行委員長となり開催されたことです。講演を引き継ぐ形で自然栽培の農業塾を立ち上げる案が出され、その年の12月から3年間、木村さんを招いての自然栽培実践塾を開設しました。

それを引き継ぎ、羽咋に自然栽培の足跡を残し、いちだんと発展させるため、ＪＡはくいの事業として「のと里山農業塾」が発足しました。当時、ＴＰＰ（環太平洋連携協定）交渉に危機感を持ち、安全・

安心の農産物生産を打ち出すことと、地域に新規就農者を呼び込むこと、さらに生物多様性の保全を図ることなどが、ＪＡはくいが自然栽培に取り組む動機だったのです。

案内板の立つ田んぼでの稲の刈り取り

自然栽培に対する地域や組合員の反応は、ＪＡはくいが主導していた当初は、それほど前向きではなかったともいえます。しかし、その後羽咋市が「自然栽培の聖地化」を目指すとの方針のもとにさまざまな自然栽培事業を打ち出してからは、人口減少を止めるための取り組み、農業者の高齢化に対する担い手の確保といった視点が市民にも浸透し、自然栽培の取り組みへの理解が進んでいきます。

世界農業遺産アクションプランとして始まった自然栽培事業などの成果もあって、２０１１年6月、中国の北京で開催された国際フォーラム（ＦＡＯ＝国連食糧農業機関の主催）で、石川県能登地域（能登の里山里海とトキと共生する佐渡の里山）が、国内で初めての世界農業遺産に認定されたのです。正式名称は「世界重要農業資産システム（ＧＩＡＨＳ）」。各地の多様な農業の存在、システムを評価し、維持・活性化し、重要な農法や生物多様性を有する地域を認定する制度です。

羽咋市は、さらに自然栽培事業を推し進めるため、自然栽培の新規就農者に対する助成金の上乗せ、家賃支援、のと里山農業塾の運営支援、ふるさと納税における自然栽培米の活用などを行っています。JAはくいは、羽咋市と連携しながら自然栽培を活用した地域ブランドづくりなどに向けて取り組んでいます。

親子で田んぼの生き物観察会に参加

さて年々、自然栽培への関心が高まってきていることもあり、木村秋則氏は講演や実地研修などで全国各地から引っ張りだこです。各地で長年にわたり技術面での改良が重ねられているということもあり、自然栽培は徐々にですが、その土地ならではの考え方、取り組み方で根づきつつあります。

もちろん、自然栽培は、必ずしも画一的なマニュアルでくれるものではありません。科学的な裏付け、根拠などについても探究していかなければならないところがあり、これまで必ずしも万全に立証されたわけではありません。

しかしながら、自然栽培への理解を深めていただくための手がかりとして、参考までに野菜や米についてはJAはくいが主に取り組んできたことを記し、果物については各地の自然栽培実践者の方々にご報告をいただき、一書にまとめました。本書から自然栽培に取り組む際のなんらかのヒントをつかんでいただければなによりです。

第2章

自然栽培の野菜づくり

廣 和仁

自然栽培のトマト畑

野菜づくりの要諦

自然の力を最大限に引き出す

自然栽培とは、農薬・肥料・除草剤などなにも使用しない栽培法です。第1章でも触れているとおり、「自然」だからといって種をまいたり、苗を植えたりした後はなにもしないという「放置栽培」とは違います。なにもしないと植物の生長は弱り、病気や虫の被害を受けてしまいます。

自然栽培とは「自然」と「栽培」のまったく相反する言葉が組み合わさった造語ですが、自然をよく観察し、理解し自然と同調して行う栽培法です。重要なのは、自然が持っている力を最大限引き出してやることと、農作物が育ちやすい環境をつくってやることです。

山では誰も農薬も肥料も与えていないのに、植物は元気に育っています。自然生態系を理解し、それを農地生態系として田畑に再現すればよいだけです。まずはここを理解しておかないと、なかなかうまくいかないでしょう。

そして、この栽培法では目に見えない世界のことを理解することも重要です。土の中の水と空気の流れや微生物や生物のはたらき、根の状態など。また、植物にも人間の言葉や意識が伝わるということも理解していただくとよいです。

これらはなかなか信じがたいことかもしれませんが、不思議な実験が証明しています。1960年代、植物が人間の意図や感情に反応することを発表したクリーヴ・バクスター著の『植物は気づいている』は、とても参考になります。

これからさまざまな農作物についての栽培法をいくつか紹介しますが、これらはあくまで筆者の田畑の環境で行っていることであり、場所や環境が異なれば多少やり方を変えたほうがよい場合もあります。それらを踏まえたうえで、実際面での参考にしていただければ幸いです。

パセリとダイズの混植

基本の土づくり

最も重要なのは「土づくり」。作物が育つ環境さえ整えてしまえば、あとはわりと簡単に育ってくれます。まずは水脈整備を行い、自然界と同じように水と空気が動くように地形をつくること、土中の微生物などのはたらきを最大限に引き出してやることです。

慣行栽培、もしくは有機質肥料を使って栽培していた圃場を自然栽培に移行する場合は土の温度を測り、硬盤層がある場合はムギをまいて硬盤層をなくし、土を自然な状態へ戻してやります。そして、ダイズなどマメ科植物と根粒菌との共生関係を利用して窒素補給を行います。特にキュウリ、ナス、トマト、ピーマンなどの夏野菜は定植のとき、2～3年は株のまわりに極早生、または早生ダイズを植えつけると効果的です。

わたしはそれらを自然栽培を実践、提唱している木村秋則氏から学びましたが、10年以上自然栽培を続けてきて、教わったとおりにやれば間違いなくで

ダイコンを株ごとつるして乾燥

種採り用のカモミール

ネギ、エンドウ、トウモロコシなどを乾燥

きるということがわかりました。米や野菜の栽培に関してはまったく難しくありません、誰でもできる栽培法です。

固定種野菜で種を採る

そして、自然栽培の究極は野菜の「自家採種」にあります。固定種野菜は自家採種を繰り返すことにより、何世代にもわたり選抜、淘汰され、栽培環境とその土地の環境に順応していき、遺伝的にも安定した品種といえます（**表2－1**）。なお、在来種もある地方で栽培され、代々受け継がれてきた品種のことで、おおむね固定種野菜です。

残念ながら現在、市場流通を経てスーパーマーケットに並ぶ野菜は、ほとんどが一代交配種（F_1種ともいう）です。異なる性質の両親を交配した雑種一代目で、規格を重視し、味は二の次になりがちで効果は一代目かぎりです。しかも一代交配種だと、生産者は種苗会社から毎年種を買わざるをえなくなってしまうのです。

その点、固定種野菜は形状はそろいにくいものの

表2-1　固定種とF_1種野菜の種の主な特徴

◆固定種野菜の種

- 何世代にもわたり、絶えず選抜・淘汰され、遺伝的にも安定した品種。ある地域の気候・風土に適応した伝統野菜・地方野菜（在来種）を固定化したもの
- 生育時期や形、大きさなどがそろわないこともある
- 地域の食材として根づき、個性的で豊かな風味を持つ
- 自家採種できる

◆F_1種（F_1交配種）野菜の種

- 異なる性質の種を掛け合わせてつくった雑種の一代目
- F_2になると、多くの株にF_1と異なる性質が現れる
- 生育が旺盛で特定の病気に耐病性をつけやすく、大きさや形、風味も均一。大量生産、大量輸送、周年供給などを可能にしている
- 自家採種では、同じ性質を持った種が採れない（種の生産や価格を種苗メーカーにゆだねることになる）

注：①F_1はfirst filial generation（最初の子ども世代の意）の略
②『野菜の種はこうして採ろう』（船越建明著、創森社）をもとに作成

味はよく、自家採種ができるのです。しかも自然栽培で固定種野菜の自家採種を繰り返すと、生育も良くなり、病害虫の被害も少なくなっていきます。ぜひ、固定種野菜で自家採種にも取り組んでいただけたらと思います。

自然栽培を始めるにあたり、まずはこれらのことをよく理解し、「土づくり」をしっかり行ってから、「自家採種」にも取り組んでいただければと思います。

なお、参考までに野菜の種類ごとに作業暦を掲載するようにしましたが、この作業暦はわたしが自然栽培を行っている北陸を基準にしたものです。当然ながら、気候・風土の違いにより、地域によって作業時期が変動します。例えば関東地域であれば、種まき、定植などが1～2週間早くなるといった具合に、それぞれの地域にスライドさせて作業時期の目安をつけてくださるよう申し添えます。

〈果菜類〉キュウリ

ウリ科

素顔と系統・品種

インド北部、ヒマラヤ山麓が原産とされるキュウリは、乾燥を好みながらも多くの水分（成分の95％）を必要とする特殊な作物なので、栽培には注意が必要です。また、固定種の場合、高温や乾燥が続くと苦みが出るので根には水分を切らさないように特殊な植え方をします。

慣行栽培では農薬なしではつくれないといわれるくらい病気に弱いキュウリですが、特徴を理解して整枝、摘芯（枝や蔓の先端＝生長点を摘み取ること）などきちんと行えば農薬なしでも簡単に栽培できます。品種は神田四葉胡瓜《スーヨウきゅうり》、相模半白《さがみはんじろ》胡瓜、加賀太《かがぶと》胡瓜など在来種、固定種が数多くありますが、わたしのところは夏節成《ふしなり》胡瓜です。

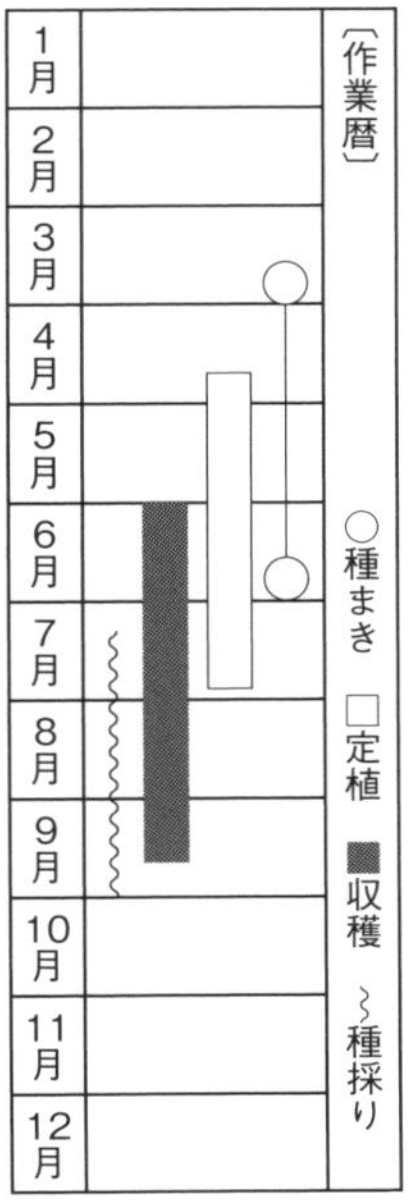

育て方のポイント

畑の準備　キュウリは水を必要とする野菜なので畝の高さは10〜15㎝程度と低めにし、黒マルチをかけておきます。ウリ科は広く根を張るので、畝幅は90〜100㎝とします。また、うどん粉病や褐斑病を防ぐため、できるだけ朝日が早く当たる場所を選ぶとよいです。

種まき・育苗　72穴のプラグトレーに種をまき、本葉が出てきたら12㎝のポットに鉢上げ（幼苗を鉢に植え替えること）します。

ネット張り　二畝をまたいでキュウリパイプを使用し、目合い18㎝×幅420㎝か480㎝のキュウリネットを使用します。

定植　本葉4〜5枚、株間80〜100㎝で定植

収穫期のキュウリ

半白キュウリ

発芽

（植えつけともいい、苗や球根を収穫を目指す畑に本式に植えつけること）します。定植と同時に株の中心から20～30㎝ほど離してマルチに別の穴をあけて、囲むように四か所に極早生《ごくわせ》や早生ダイズをまきます。窒素補給ができるようにするため、ダイズに根粒菌がつかなくなる3年目くらいまでを目安に植えつけます。

　キュウリは、地上部は乾燥を好みながらも多くの水分を必要とする特殊な作物で、植え方もちょっと工夫します。苗を植える床の土を取り除き、30～50

cmのすり鉢状にし、その中心に苗を定植します。深さは畝の高さと同じか少し低くなるようにし、覆土はポットの上部が2cmほど出るようにします。植えつけた後は、仮支柱をし、風で振られないようにします。気温が25℃を超える5月以降は、直まきも可能です。

誘引・摘芯　親蔓（幼芽が直接伸長したもの）は真っすぐ上に誘引し、ネットの上部まで伸びたら摘芯します。小蔓（親蔓から一次的に分岐した枝）は12節まではすべて摘み取り、12～16節の小蔓を左右に一本ずつ斜めに伸ばします。キュウリは萎凋病、うどん粉病、褐斑病などにかかりやすいですが、地上部の風通しを良くし、病気を防ぐことができます。病気が出た場合は、食酢を300倍ほどに薄めて散布するとよいです。

種採り用のキュウリ

種を保存

収穫　地面から30cmくらいまで雌花は摘み取り、30cm以上で実を収穫します。最初は親蔓で実を収穫し、その後は子蔓で実を収穫します。

種採りのヒント

母本選び　子蔓が元気なもの、節なりで着果のよいものを母本として選びます。その中でも形の良い果実を選び、黄色になるまで完熟させてから収穫します。

種採り　まず果実を二つ割りにし、スプーンなどでわた（ゼリー質）ごと種を取り出して水洗いした後、水中に沈んだ種をざるやキッチンペーパーなどに広げて天日乾燥をします。さらに室内で陰干しをし、じゅうぶん乾燥させてから紙袋や乾燥剤入りの容器などに入れ、冷蔵庫などで保管します。

図2-1　キュウリづくりのポイント

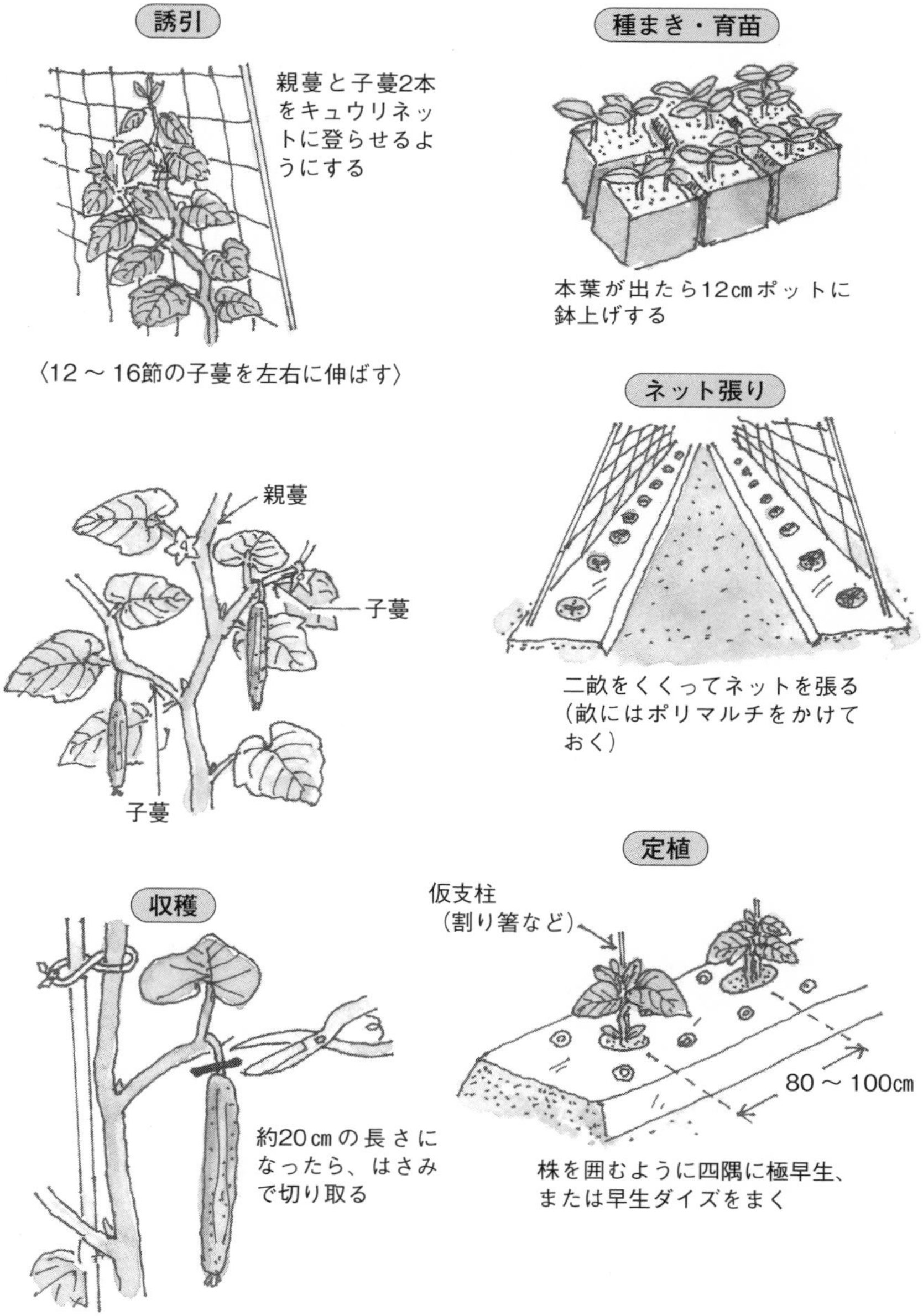
誘引
親蔓と子蔓2本をキュウリネットに登らせるようにする
〈12～16節の子蔓を左右に伸ばす〉
親蔓
子蔓
子蔓
種まき・育苗
本葉が出たら12㎝ポットに鉢上げする
ネット張り
二畝をくくってネットを張る（畝にはポリマルチをかけておく）
定植
仮支柱（割り箸など）
80～100㎝
株を囲むように四隅に極早生、または早生ダイズをまく
収穫
約20㎝の長さになったら、はさみで切り取る

〈果菜類〉

ズッキーニ

ウリ科

素顔と系統・品種

南米原産のズッキーニは温暖な気候を好み、生育も早くつくりやすい野菜です。ここでの品種はブラックビューティです。

育て方のポイント

畑の準備　畝の高さは10～20㎝ほどで、畝幅は1mとし黒マルチをかけておきます。キュウリと同様にできるだけ朝日が当たり、日当たりの良い場所を選ぶとよいです。

種まき・育苗　72穴のプラグトレーに種をまき、本葉が出たら12㎝のポットに鉢上げします。最初から12㎝ポットに種をまくのもよいでしょう。

定植　本葉4～5枚、株間1m間隔で定植します。定植と同時に株の中心から20～30㎝ほど離し、まわりに早生のダイズをまきます。

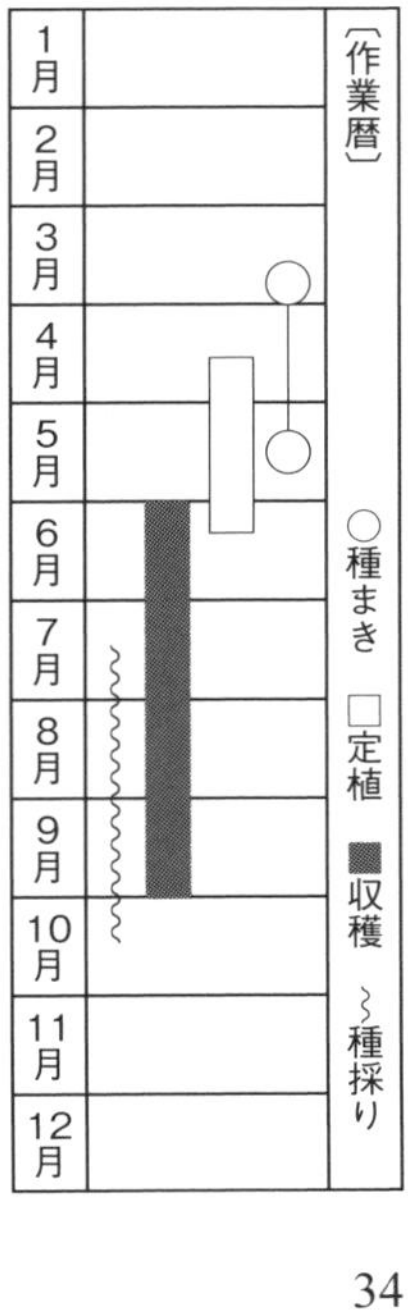

誘引・摘芯　脇芽は摘み取り、親蔓だけで収穫します。誘引は葉に土や水がつかないように畝の上を這わせるか、敷きわらなどをします。支柱に誘引するのもよいです。たまに側枝が出てくることがありますが、すべて摘み取り、主枝だけで実を収穫します。生長に合わせ、下の葉が枯れてきたら、茎に沿ってはさみで切り落とします。

収穫　一番花は摘み取り、それ以降で実を収穫しますが、わたしは最初の実は小さいうちに収穫し、花ズッキーニとして利用します。気温が25℃を超えると受粉しにくくなるので、暑いときは朝方涼しいときに人工受粉します。雨が続くときは、受粉後の雌花の花を取ってやると傷みが少なくなります。

〈果菜類〉カボチャ

ウリ科

素顔と系統・品種

南北アメリカ大陸原産のカボチャは、日本カボチャと西洋カボチャで特徴が異なります。日本カボチャには黒皮、白皮、いぼのあるものがあり、高温多湿な気候に強く育てやすいです。西洋カボチャは一般に冷涼地を好むので気温の高い時期は注意が必要です。品種は打木《うつぎ》赤皮《あかがわ》、日向《ひゅうが》、鹿ヶ谷南瓜《ししがだにかぼちゃ》などがありますが、わたしのところは東京南瓜です。

収穫果の追熟

いぼのあるちりめん（日本かぼちゃ）の果実

〔作業暦〕

1月	
2月	
3月	○
4月	
5月	□
6月	
7月	■ 〜
8月	■ 〜
9月	
10月	
11月	
12月	

○種まき　□定植　■収穫　〜種採り

育て方のポイント

畑の準備　畝の高さは10〜20cmほどで、畝幅は1mとし黒マルチをかけておきます。

種まき・育苗　72穴のプラグトレーに種をまき、本葉が出たら12cmのポットに鉢上げします。最初から12cmポットに種をまくのもよいでしょう。

定植　本葉4〜5枚、株間1〜1.5m間隔で定植します。定植と同時に株の中心から20〜30cmほど離し、まわりに極早生や早生のダイズをまきます。

誘引・摘芯　本葉5〜6枚で親蔓の芯を止め、子

果実を切断

カボチャの生育

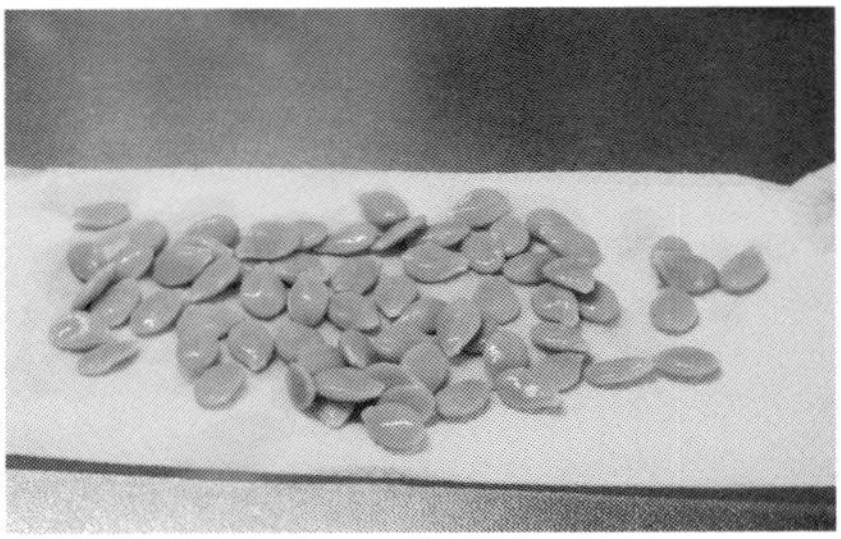

種を広げて乾燥

開花（雌花）

蔓を3本伸ばします。東京南瓜は親蔓に実がつきやすい特徴があるので、親蔓の芯を止めずにそのまま放任でも大丈夫です。一番花は摘み取り、二番花から実をつけさせます。

収穫　へたがコルク状になったら収穫します。

種採りのヒント

母本選び　元気な株から形が良く充実した果実を選びます。

種採り　収穫した果実は室内で2週間ほど追熟させ、へたを落として縦割りにして種を取り出します。種が大きく平たいので水洗いのときに浮きますが、浮いたものの中で充実したものを選んで薄い粘膜などを洗い落とした後、ざるやキッチンペーパーなどに広げて天日乾燥をします。その後、室内で1週間ほど陰干しをし、紙袋などに入れて冷蔵庫などで保管します。

〈果菜類〉スイカ

ウリ科

素顔と系統・品種

熱帯アフリカのサバンナ地帯や砂漠地帯が原産のスイカは、乾燥を好み雨、水分を嫌う作物なので、できるだけ水はけの良い乾燥した場所を選びましょう。品種は大和《やまと》、旭大和、嘉宝《かほう》、銀大和、黒小玉などがあります。ここでは新大和2号西瓜《すいか》です。

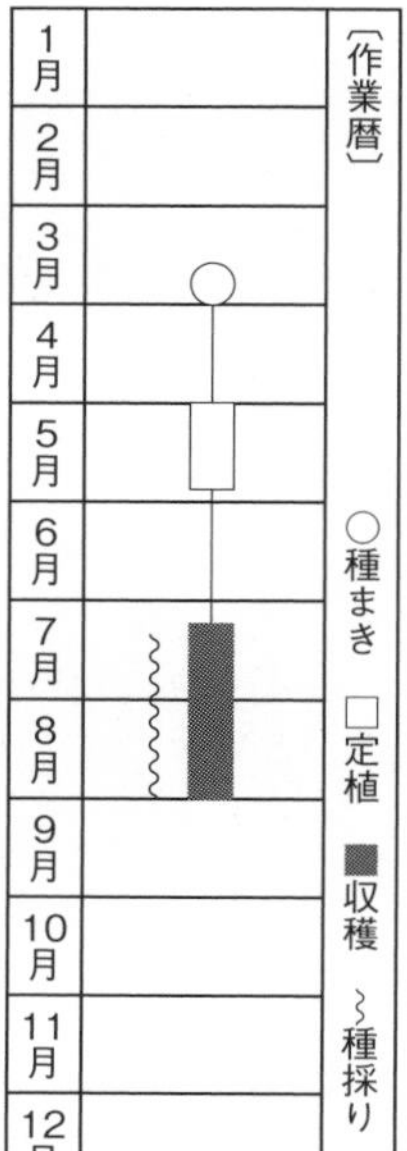

育て方のポイント

畑の準備　畝の高さ15～20cm、畝幅1mで黒マルチをかけておきます。

種まき・育苗　72穴のプラグトレーに種をまき、本葉が出たら12cmのポットに鉢上げします。最初から12cmポットに種をまくのもよいでしょう。

定植　本葉4～5枚、株間1～1.5m間隔で定植します。

誘引・摘芯　本葉5～6枚で親蔓の芯を止め、子蔓を3本伸ばします。一番花は摘み取り、二番花から実をつけさせます。

収穫　受粉後、晴天50～55日程度が収穫の目安で、

黒い縞のあるスイカ

熟した桜西瓜

果実がついている節の巻きひげが茶色くなり、枯れた頃が収穫時期です。また、果実をたたいてポンポンと純い音になった頃も収穫の目安になります。

種採りのヒント

母本選び　元気な株から形の良い果実を選びます。食べる時点で種は熟しているので、食味の良い果実を選ぶのも一つの方法です。

種採り　収穫した果実は室内に4～5日置いて追熟させ、種を取り出して水洗いします。このとき、種の膜をよく洗い落としてからざるやキッチンペーパーなどに広げ、1～2日天日乾燥をします。さらに1週間ほど陰干しをしてから紙袋などに入れ、冷蔵庫などで保管します。

スイカの生育

開花（雌花）

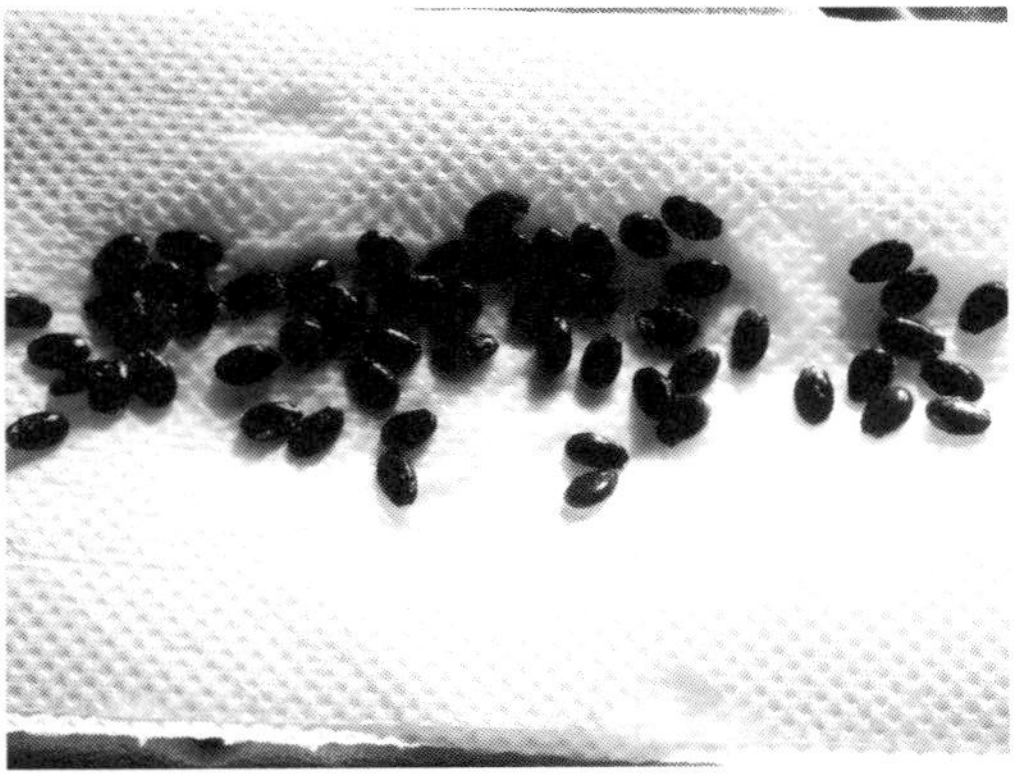
種を乾燥させる

〈果菜類〉メロン

ウリ科

素顔と系統・品種

北アフリカや中近東地方、またはインドが原産地といわれ、乾燥を好み、雨・水分を嫌います。品種はみずほニューメロンです。

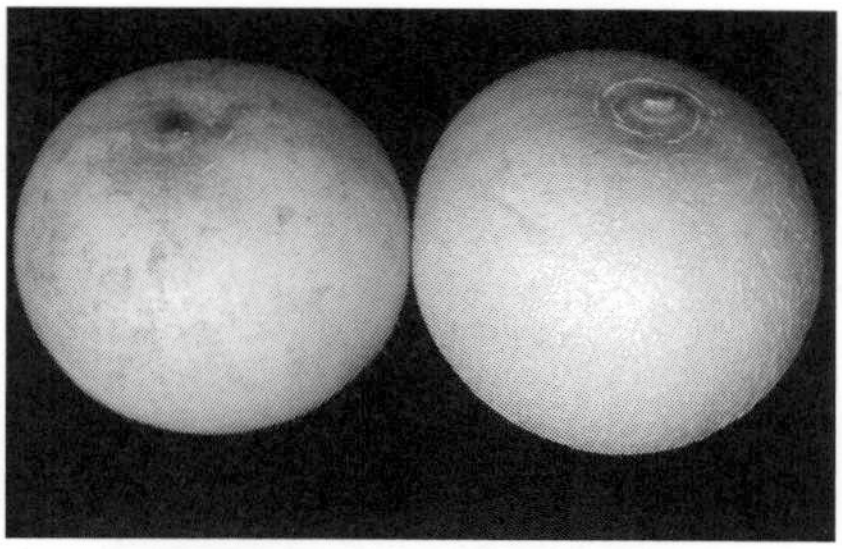
メロンの収穫果

生育期の状態

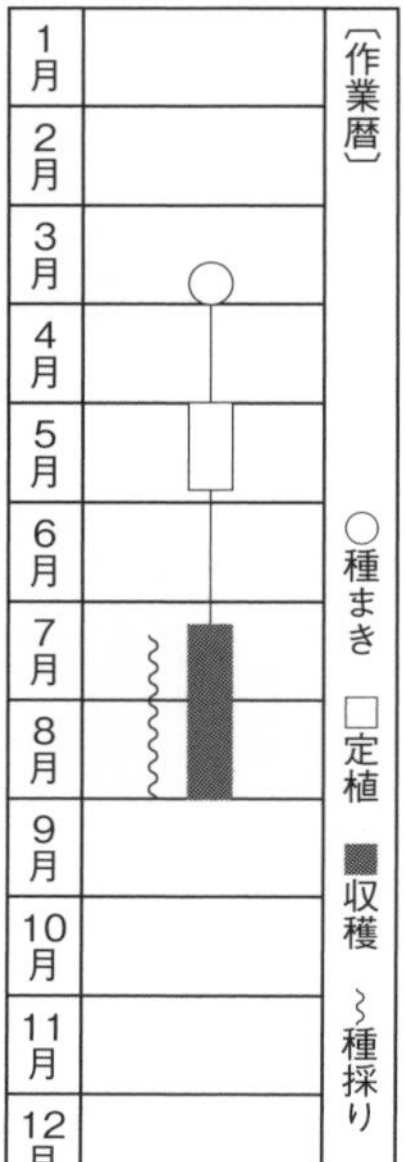

育て方のポイント

畑の準備　畝の高さ20〜30cm、畝幅1mで黒マルチをかけておきます。

種まき・育苗　72穴のプラグトレーに種をまき、本葉が出たら12cmのポットに鉢上げします。最初から12cmポットに種をまくのもよいでしょう。

定植　本葉4〜5枚、株間1・5m間隔で定植します。定植する際、ポットの半分以上が地表に出るようにします。浅く植えることにより、メロンが好む乾燥した環境をつくり、根腐れを防ぎます。

誘引・摘芯　本葉5〜6枚で親蔓の芯を止め、子蔓を3本伸ばします。葉が6枚になったら芯を止め、先端の蔓を1本だけ伸ばします。これを3本の子蔓それぞれで行い、この芯止めを4〜6回繰り返した後、5回目に蔓を放任し実をつけさせます。

収穫　甘い香りがし、完熟して皮がひび割れる寸前で収穫するとおいしいです。

種採りのヒント

収穫した果実は室内に4～5日置いて追熟させ、種をスプーンなどで取り出して水洗いします。種の膜を洗い落としてからキッチンペーパーなどに広げ、1～2日天日乾燥。さらに1週間ほど陰干ししてから紙袋などに入れ、冷蔵庫などで保管します。

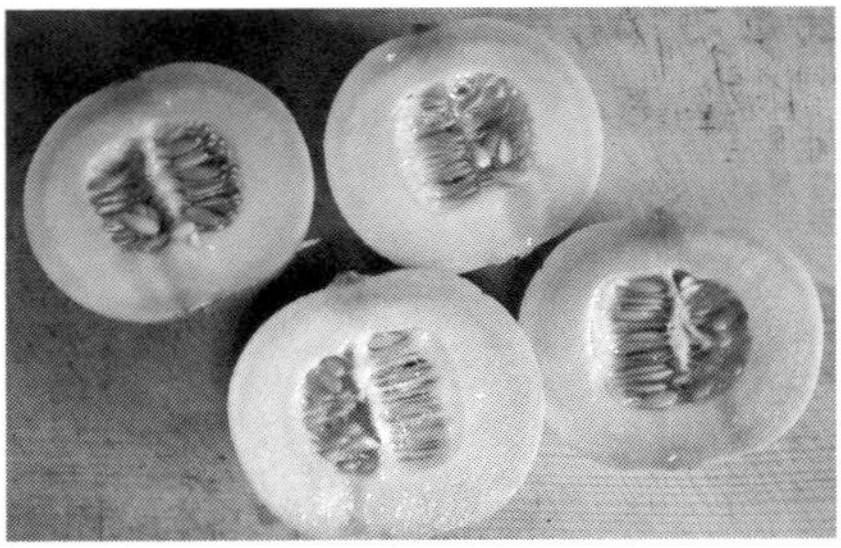
メロンの果実を割る

種を保存

〈果菜類〉ニガウリ

ウリ科

素顔と系統・品種

ニガウリは熱帯アジア原産の作物で、別名ゴーヤ、レイシ、ツルレイシとも呼ばれています。江戸時代に中国を経由して沖縄や九州に入ってきました。その名のとおり、青い果実には強い苦味がありますが、熱に強いビタミンが豊富な健康野菜として、現在は全国的に知られています。果実には、太く短いタイプと細く長いタイプがあります。

丈夫で、あまり手をかけなくとも育つうえ、旺盛に生長し、夏場はたくさん葉を茂らせるので、家庭や学校の窓辺に育て、日光を遮る「緑のカーテン」の代表的植物としても広まっています。品種は沖縄あばし苦瓜《にがうり》、白大長《しろおおなが》れいしなどです。

緑のカーテンの定番野菜

次々に果実がなるニガウリ

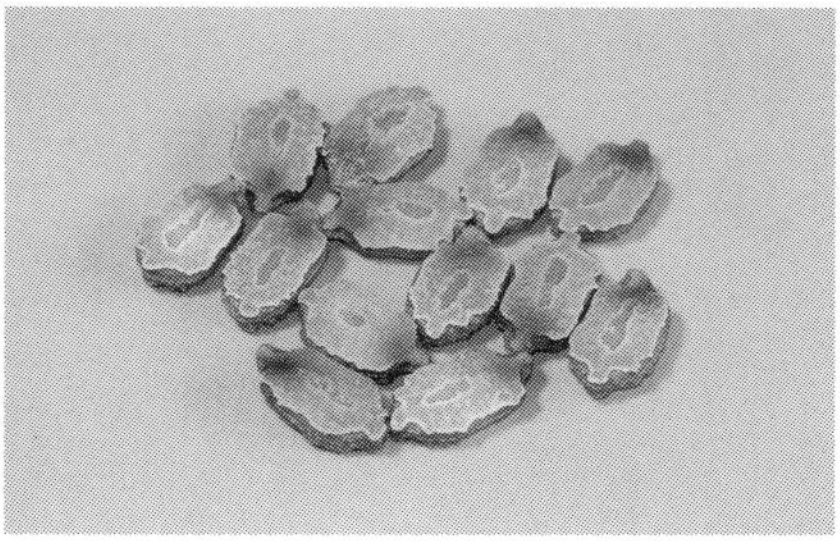
ニガウリの種

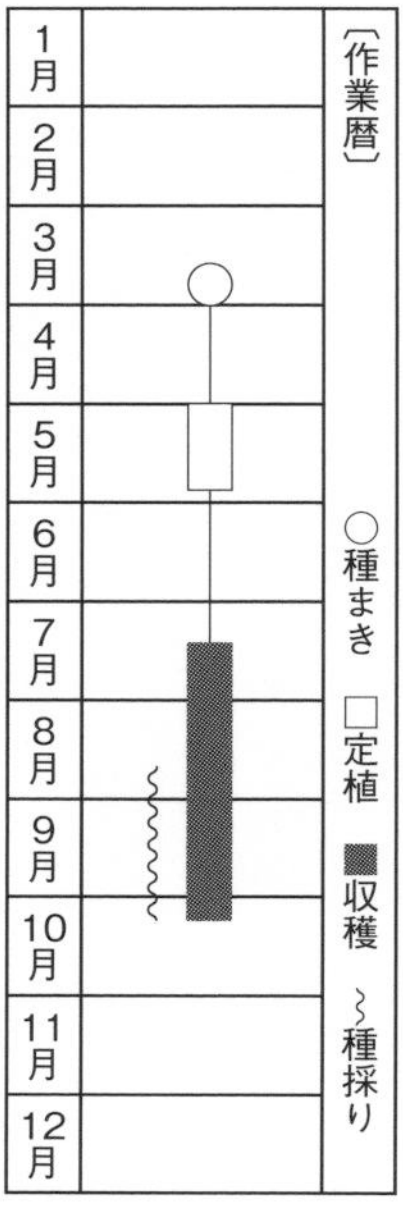

育て方のポイント

畑の準備　播種する前に栽培予定の場所に畝の高さ10～20㎝、畝幅1ｍで黒マルチを張って、地温を上げておきます。

種まき・育苗　種をガーゼなどに包み、一晩ぬるま湯（30～35℃で約8時間）に浸けて、じゅうぶん吸水させます。すると発芽がそろいます。

翌日、直径9㎝のポットに土を詰め、1ポットに3粒ずつ、深さ1㎝くらいに種をまきます。

ネット張り　畝幅90～100㎝、通路60～70㎝の畝を2本またいでキュウリの栽培に使用するアーチパイプを設置して、パイプに沿って420㎝か480㎝のネットを張ります。

支柱を立てて、一畝に180㎝のネットを垂直に張って栽培することもできますが、その場合、強風で支柱がネットごとなぎ倒されないように、しっかり風対策をすることが必要です。
地這いでの栽培も可能ですが、生長すると葉が茂り、収穫物を見つけるのが大変になります。

定植　本葉4～5枚で、ポットで育てた苗を植えつけます。6枚以上になると、ポットに根が回ってしまい、植えつけ後の生長が遅れてしまいます。
あらかじめ立てておいて畝に、株間90㎝で浅植えします。植えつけ前にたっぷりと水をやると、土と土が密着して崩れにくくなります。じゅうぶん根が回っていない苗を使用するので、植えつけの際には根鉢（根の部分に鉢状に土がついた状態）を崩してしまわないように気をつけましょう。植えつけ後は、風に揺られて苗が傷まないように、仮支柱に留めておきます。

誘引　ニガウリは生育が旺盛で、腋芽《えきが》がたくさん出てきます。実がビニールマルチや地面についていると傷むことがあるので、できるだけ蔓がネットに這うように誘引します。

収穫　株の状態によっては、同じ株でも実の大きさはさまざまですが、表面のイボイボがぷっくりと膨れてきた頃が収穫適期です。収穫が遅れると、数日で実が黄色くなって熟してしまいます。株が疲れないように適期収穫を心がけましょう。

種採りのヒント

母本選び　生育が良く、病害虫に強いものを母本として選びます。近くで多品種のニガウリを栽培している場合は、交雑を避けるため人工受粉を行いますが、通常は昆虫に任せても着果します。

種採り　実を手で割って、種を取り出します。きれいに水洗いし、ざるに上げて水を切り、1～2日くらい天日干しをして、1～2週間くらい陰干しします。

よく乾燥させたら、湿気が入りにくい容器に乾燥剤と一緒に入れ、冷蔵庫で保存します。翌年すぐ使う場合には、直接日光の当たらない涼しい場所に置いてもよいでしょう。

（まとめ協力・三好かやの）

〈果菜類〉トマト、ミニトマト

ナス科

素顔と系統・品種

南米のアンデス地方原産のトマトは特に乾燥を好む野菜で、水はけの良い、乾燥状態を保てる環境を整えてやることが重要です。

大玉のアロイトマト

育苗

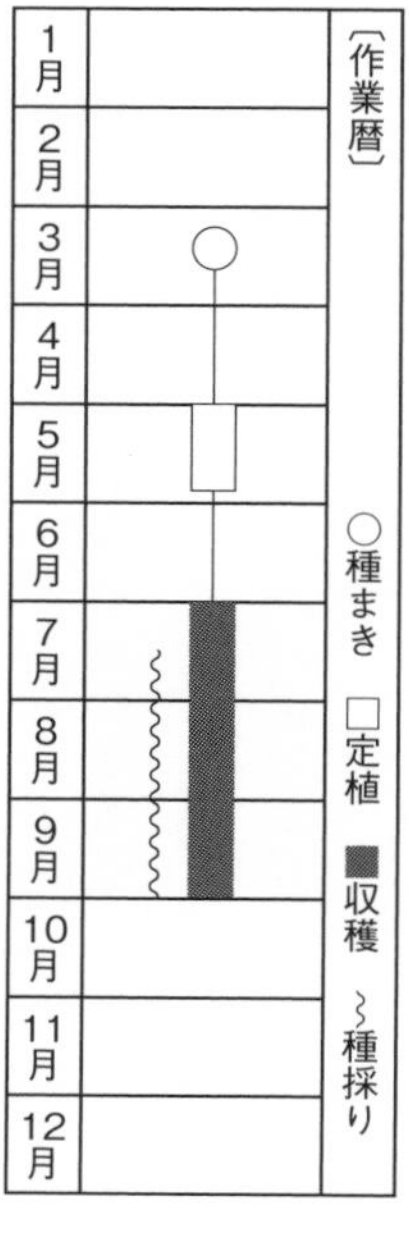

固定種のトマトは連作障害や青枯れ病など病気が出やすく、土の状態が良くなるまでは連作は3年までにしておいたほうがよいです。品種はアロイトマト、ステラミニトマト、ブラックチェリートマト、ホワイトチェリートマト、イタリアンボルゲーゼトマトです。

育て方のポイント

畑の準備　トマトは特に乾燥を好む野菜なので畝の高さは20㎝以上、できれば30㎝以上あるとよいです。畝幅は50～60㎝ほどで、黒マルチもしくは白黒マルチをかけておきます。トマトは特に水を嫌うので、雨除けをするとなおよいです。

種まき・育苗　128穴のプラグトレーに種をまき、本葉が出てきたら9㎝か12㎝のポットに移植します。

定植　苗が25㎝くらいになったら、生長点の本葉3枚ほど残し、他の葉や脇芽は茎に沿ってはさみで落とします。切り口をしっかり乾燥させ、ポットの土にしっかりと水を含ませてから定植します。

定植はポットの土が隠れる程度に横に寝かせ、先端が土に触れないように土の塊か石で枕にします。また、茎全体が起き上がってこないように先端の少し下のほうは多めに土をかぶせるか、小石を置いておくとよいでしょう。その後はいっさい水やりはしません。株間は、ミニトマトで60〜80㎝、大玉トマトの場合は80㎝とします。接ぎ木苗の場合は、**図2－2**のトマト苗の定植②のとおりです。

誘引　横植えした頭のほうに真っすぐと斜めに2本支柱をし、2本仕立てとします。1本で斜めに誘引するのもよいです。

収穫　青から、それぞれのトマト特有の色になれば収穫です。

トマトの定植（横植え）

種を広げて乾燥

－種採りのヒント

母本選び　元気で着果の良い株を母本として、色や形の良い果実を選びます。

種採り　完熟した果実を切って、ゼリーごと種を取り出し、ビニール袋やタッパーなどに入れて2〜3日発酵させせます。その後、よく水洗いをし、水中に沈んだ種(ゼリーが分離)を取り出してざるやキッチンペーパーなどに広げ、天日乾燥をします。さらに室内で陰干しをし、よく乾燥させてから紙袋や乾燥剤入りの容器に入れ、冷蔵庫などで保管します。

図2-2　トマトづくりのポイント

トマト苗の定植（横植え）①

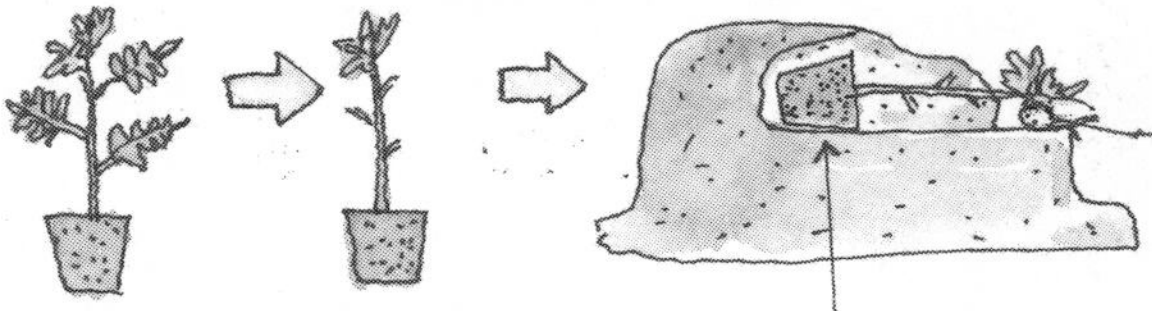
土の塊か石を
枕にする
先端以外の葉を全部取り除く
ポット部が隠れるくらい
深めの穴にする
枕を据えるのは先端部
の若い葉が直接土につ
いて虫に食われたり腐
ったりすることを防ぐ
ため。こうしておくと、
翌日には先端が上に立
つようになる

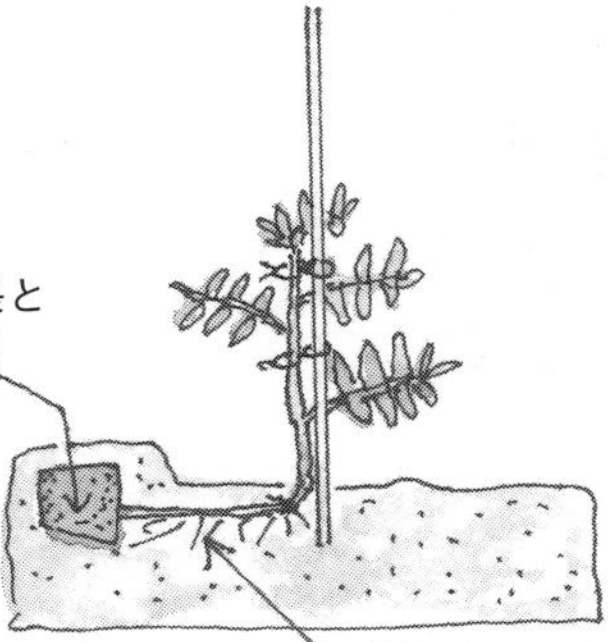
ポット部の古い根は生長と
ともに役目を終え枯れる
横にして土をかけ
た茎から新しい根
が出て、その後の
生長の主力となる

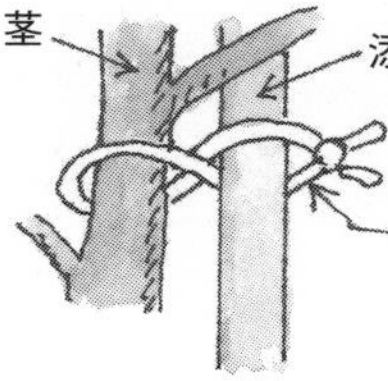
添え木
ひも

〈トマト添え木（支柱）の仕方〉

添え木はトマトの茎に
直接触れないように、
ゆるめに「8」の字に
して結ぶ

トマト苗の定植②

接ぎ木苗（F_1種）の場合は一般的な定植にする

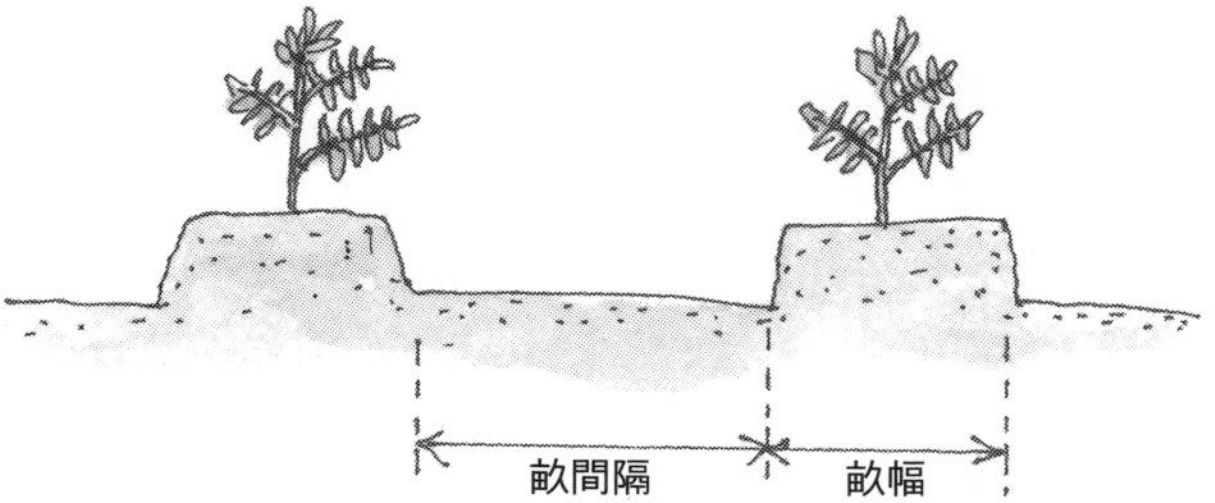
50 ～ 70㎝
50 ～ 60㎝

〈果菜類〉

ピーマン

ナス科

素顔と系統・品種

中南米原産のピーマン類は、名前も形も色も味もみんな違います。トウガラシ、シシトウ、パプリカも同じナス科トウガラシ属の仲間になります。

果実（さきがけピーマン）

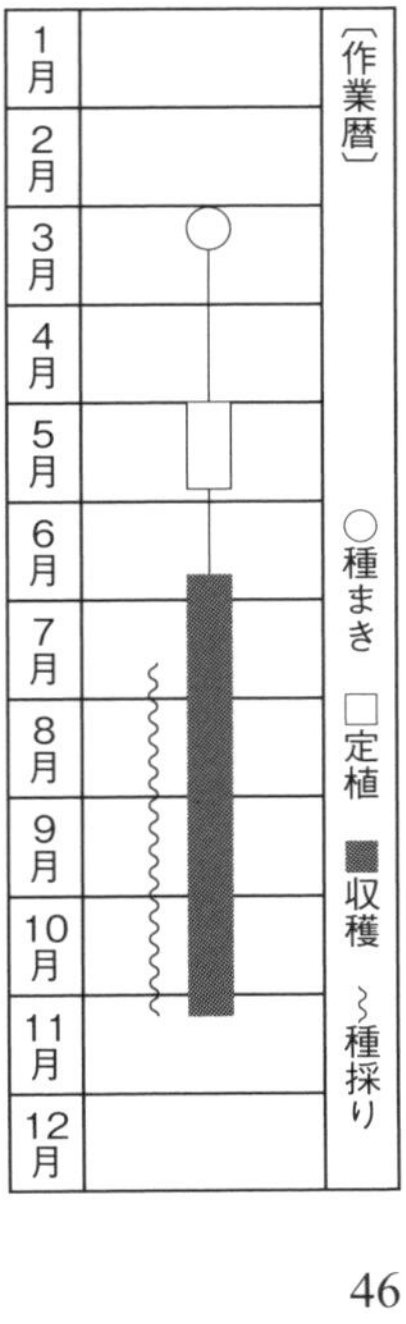

本来、ナス科で自家受粉性植物のはずですが、他家受粉率が5～20％といわれるくらい高く、トマトやナスよりも交雑しやすいのでピーマンの隣にトウガラシなどを植えないように注意しましょう。また、ピーマンも水分を必要とする作物なので、高温乾燥にも注意が必要です。品種はさきがけピーマン、早生ピーマン、バナナピーマンなどです。

育て方のポイント

畑の準備　ピーマンは水を好む野菜なので畝の高さは10㎝程度とし、畝幅は80㎝ほどで、黒マルチをかけておきます。

種まき・育苗　128穴のプラグトレーに種をまき、本葉が出てきたら9㎝ポットに移植します。

定植　本葉が7～8枚くらいになったら株間70～

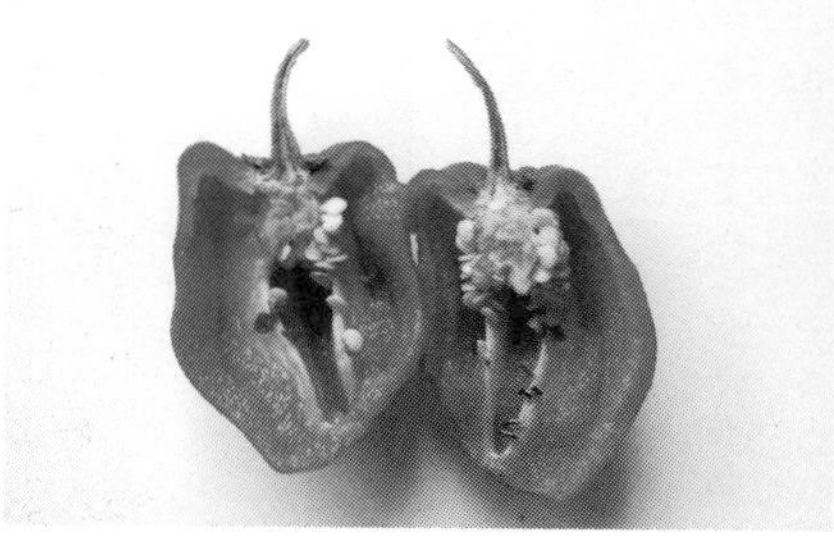
採種果を割る

育苗

種を保管

結実期

80㎝で定植し、斜めに仮支柱をします。

支柱立て　根が張り、地上部が生長してきたら長さ1・2m、太さ1・6mの支柱をします。

誘引・摘芯　生長点が二またになり、最初に咲いた花は全部摘花（蕾や花を摘み取ること）します。二またの下の側枝は全部摘み取り、二またより上で実を収穫します。

収穫　実が大きくなり、適当な大きさになったら収穫します。

種採りのヒント

母本選び　その品種の標準的な形の良い果実がなり、勢いのある株を選びます。種採り用の実は青果ではなく、赤褐色に完熟してから収穫します。

種採り　手で実を割り、中の種を取り出します。厚みのないもの、色の薄いものなどを取り除き、水洗いをせずにボウルや皿などに広げて天日乾燥をします。じゅうぶん乾燥したら紙袋などに入れ、冷蔵庫などで保管します。

〈果菜類〉
ナス
ナス科

素顔と系統・品種

果実（早生真黒茄子）

インドが原産地とされるナスは、熱帯地域では多年草ですが、温帯地域では一年草として栽培されます。固定種のナスは低温期になると花粉の活力が低下して受精できないため、石ナスという硬くて小さい実になってしまうので気をつけましょう。

中長種が一般的ですが、長ナス、水ナス、米ナス、小ナス、丸ナス、巾着《きんちゃく》ナス、青ナスなど多彩です。品種は早生真黒《しんくろ》茄子《なす》、久留米大長茄子、緑茄子、フィレンツェ茄子、泉州絹皮水茄子などです。

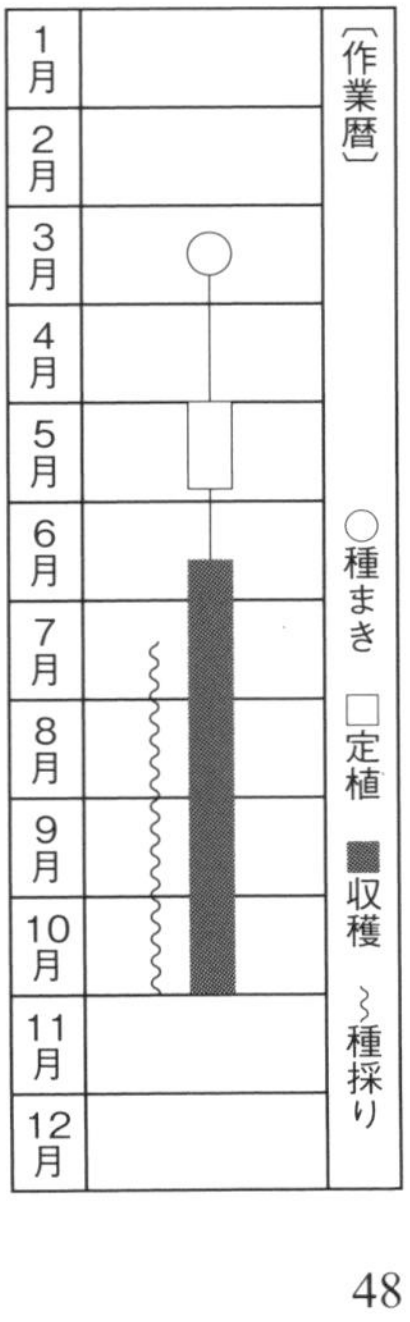

育て方のポイント

畑の準備　ナスは水を好む野菜なので、畝の高さは10cm程度とし、畝幅は80cmほどで、黒マルチをかけておきます。

種まき・育苗　128穴のプラグトレーに種をまき、本葉が出てきたら9cmポットに移植します。

定植　本葉が4～5枚くらいになったら株間70～80cmで定植し、仮支柱をします。株のまわりに極早

図2-3　ナスづくりのポイント

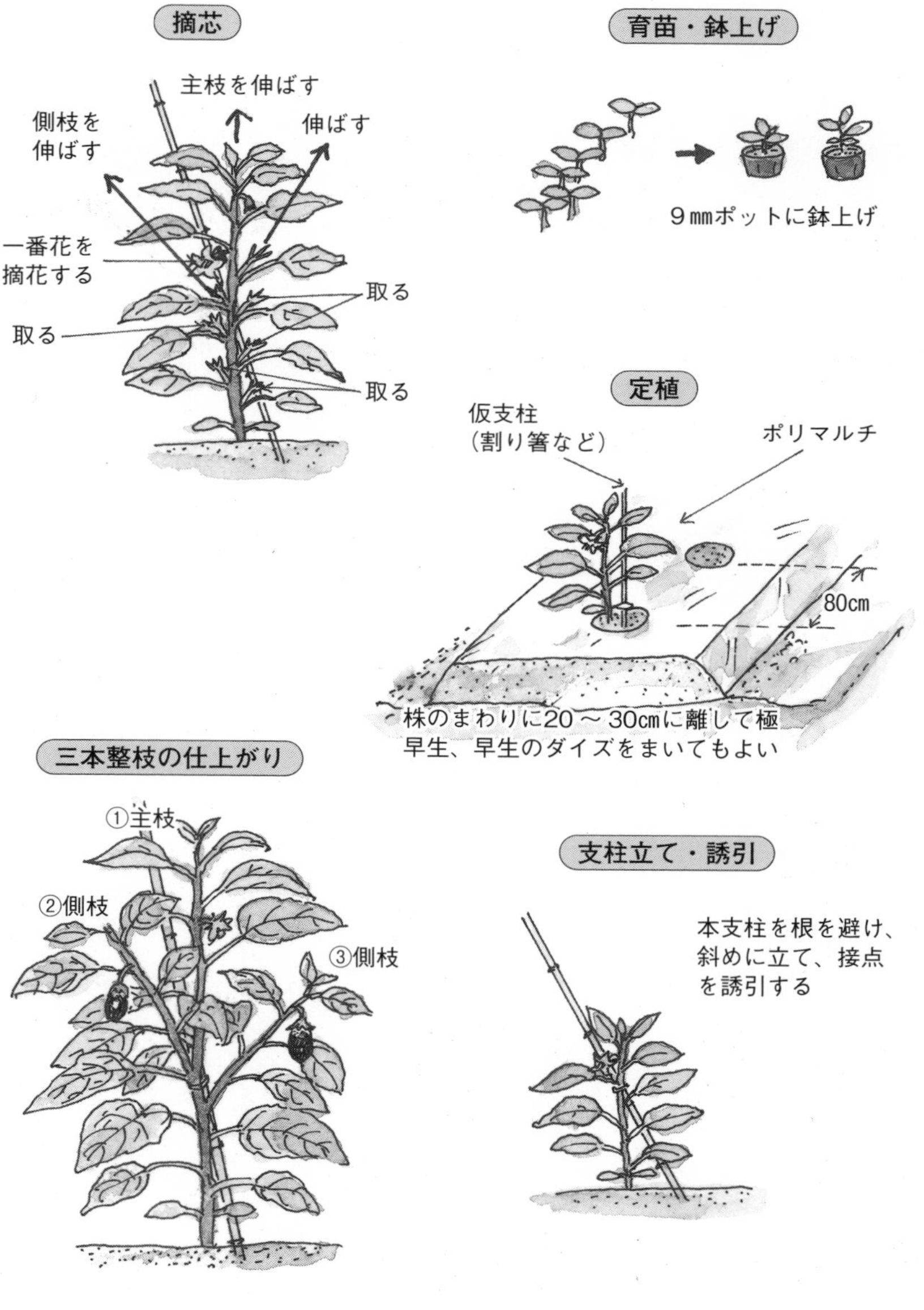
摘芯
主枝を伸ばす
側枝を伸ばす
伸ばす
一番花を摘花する
取る
取る
取る
育苗・鉢上げ
9㎜ポットに鉢上げ
定植
仮支柱（割り箸など）
ポリマルチ
80㎝
株のまわりに20～30㎝に離して極早生、早生のダイズをまいてもよい
三本整枝の仕上がり
①主枝
②側枝
③側枝
支柱立て・誘引
本支柱を根を避け、斜めに立て、接点を誘引する

開花（8月）

ナスとピーマンの育苗

種（イタリアンナス）

ナスの生育

生、早生のダイズをまくと窒素補給に効果的です。

支柱立て　根が張り、地上部が生長してきたら長さ1・5ｍ、太さ1・6㎝の支柱を垂直、もしくは斜めに立てます。

誘引・摘芯　一番花は摘花し、一番花の下2本の側枝を伸ばし、3本仕立てとします。

収穫　実が大きくなり、適当な大きさになったら収穫します。

種採りのヒント

母本選び　実が多くなる盛りの時期に、元気で着果の良い株を母本として選び、色や形の良い実に目星をつけておきます。実が紫色から茶褐色になるまで枝につけておき、完熟を確認してから収穫します。

種採り　果肉が少しやわらかくなったら、実を割って種を取り出して水洗いをし、水中に沈んだ種を取り出し、キッチンペーパーなどに広げて天日乾燥をします。じゅうぶん乾燥したら紙袋などに入れ、冷蔵庫などで保管します。

〈果菜類〉パプリカ

ナス科

素顔と系統・品種

カラーピーマンの一種であり、日本では大型、肉厚で辛みがなく甘い品種を指します。日本で流通する果実の多くは赤色や黄色、橙色ですが、紫色、茶色などの品種もあります。本来、ナス科で自家受粉性植物のはずですが、他家受粉率が5～20％といわれるくらい高く、トマトやナスよりも交雑しやすいので隣にトウガラシなどを植えないように注意しましょう。また、水分を必要とする作物なので高温乾燥にも注意が必要です。

育て方のポイント

畑の準備　水を好む野菜なので畝の高さは10㎝程度とし、畝幅は80㎝ほどで黒マルチをかけます。

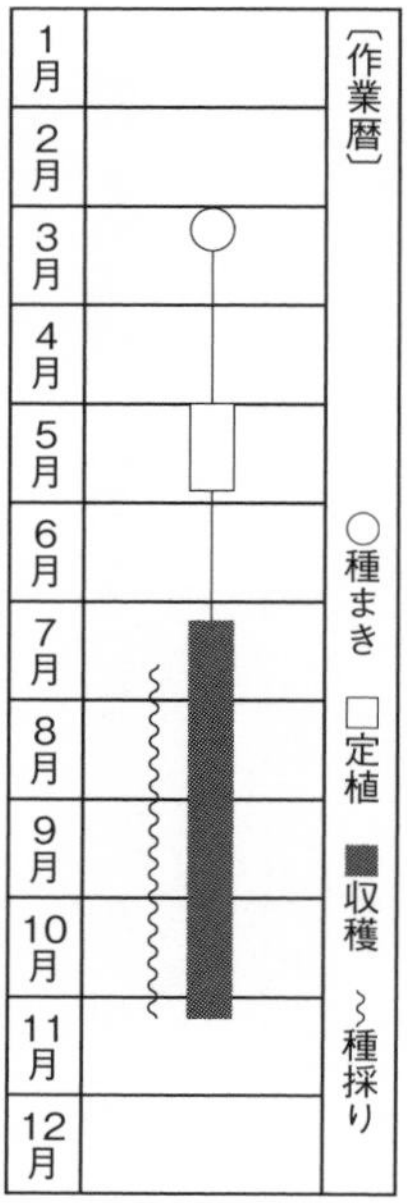

種まき・育苗　128穴のプラグトレーに種をまき、本葉が出てきたら9㎝ポットに移植します。

定植　本葉が7～8枚くらいになったら、株間70～80㎝で定植し、斜めに仮支柱をします。

支柱立て　根が張り地上部が生長してきたら、長さ1・2m、太さ1・6㎝の支柱をします。

誘引・摘芯　生長点が二またになり、最初に咲いた花は全部摘花します。二またの下の側枝は全部摘み取り、二またより上で実を収穫します。

収穫　実が大きくなり、完熟して色づいてきたら収穫します。

種採りのヒント

ピーマン同様に実を割って種を取り出して水洗いをし、天日乾燥後に冷蔵庫などで保管します。

〈果菜類〉トウガラシ

ナス科

素顔と系統・品種

鷹の爪は、辛味のあるトウガラシの中で、最もポピュラーな存在です。栽培のポイントは畝を高くすること。水はけの良い乾燥状態にすることで、一層辛さが増します。品種には万願寺唐辛子、ひもとうがらし、沖縄島唐辛子、ハバネロ、日光とうがらし、鷹の爪とうがらしなどの固定種、在来種があります。

育て方のポイント

畑の準備　畝は10～20cmくらいに立て、畝幅は80cmほどで黒マルチをかけて地温を上げておきます。可能であれば、ビニールトンネルもかけておいたほうがよいでしょう。

種まき・育苗　3月中旬に種をまき、育苗を始めます。すると遅霜の心配がなくなるゴールデンウイーク頃に、若苗を植えることができます。

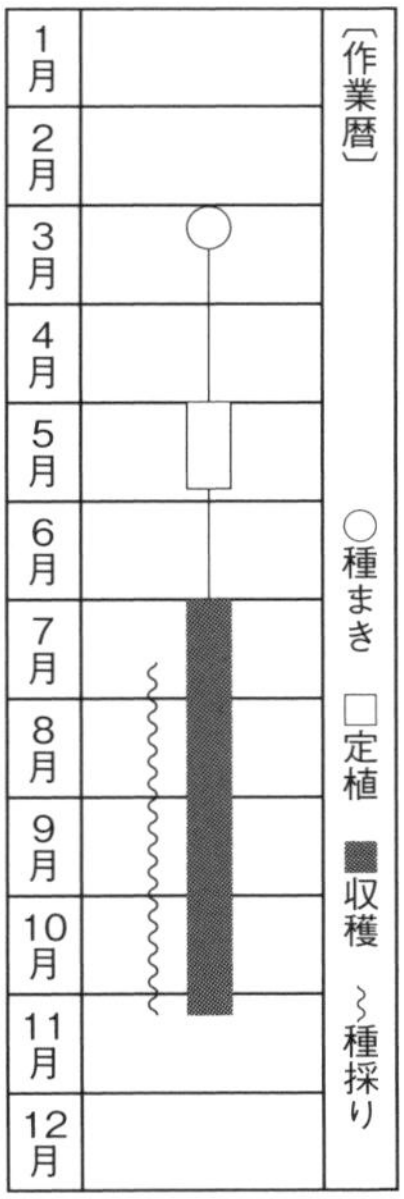

鉢上げ　本葉が出たら、直径9cmのポットに鉢上げします。

定植　本葉が7～8枚になったら、本圃へ定植します。株間は60～70cmが目安です。定植後は、仮支柱（割り箸でも可）を立て、風に振られないようにしておきます。定植後、水やりはしません。

地温管理　根をしっかり活着させるためにも、マルチを使うなど、なるべく地温を高めに保つ工夫をしましょう。

直まきの場合　直まきする場合は、畑の地温がじゅうぶんに上がり、霜が降りなくなった5月に入ってからがよいでしょう。60cm間隔で1か所に3粒まき、最終的に一株になるように間引きます。

支柱立て　5月下旬頃、長さ1・2m、太さ1・6cmくらいの支柱を立てます。

誘引・摘芯　最初二またになったところに咲く一番花は摘花します。その二またの下から伸びる側枝はすべて摘芯しますが、なるべく一気に行わず、6月上旬くらいまでかけてゆっくりと行って、摘芯作業を終えましょう。

摘花　枝は最初に二また、最終的に四またになります。それがしっかりするまでは摘花をします。気温が上がらない時期の初期の実は、取れても味がのりません。

収穫　赤く色づいたものから、順に収穫していきます。うまくいけば霜が降りる11月初旬頃まで取れます。

種採りのヒント

母本選び　株ごとにあきらかに育ちが違うので、生育の良いものを選びましょう。また、ピーマンなどとの交雑を避けるようにします。防虫ネットなどで交雑を避ける場合は、できるだけ株の中央部で結実したものを選びます。

種採り　莢《さや》が真っ赤になって、乾燥したら取り込みます。莢ごと採ってきて、中の種を取り出しますが、莢のまま乾燥させて保存する方法もあります。

（まとめ協力・三好かやの）

結実（万願寺唐辛子）

収穫期のトウガラシ

種を保管

〈果菜類〉
オクラ
アオイ科

素顔と系統・品種

アフリカ北東部原産のオクラは、原産地や熱帯では多年草で、何年も繰り返し果実をつけますが、寒さに弱く、日本では冬越しができないため一年草です。品種は八丈オクラ、島オクラ、東京五角オクラ、紅いろオクラ、スターオブデイビッド、クレムソンなどです。

結実（東京五角オクラ）

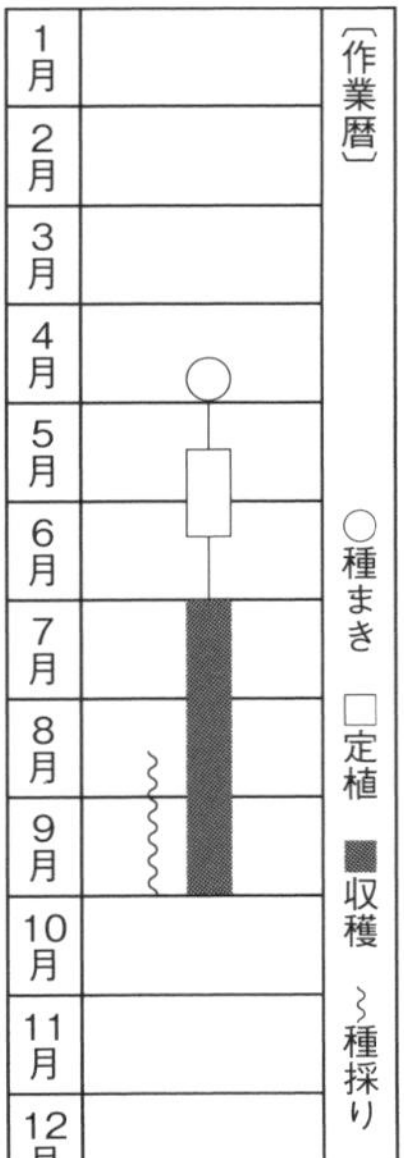

育て方のポイント

畑の準備　畝の高さは10～15㎝程度とし、畝幅は80～90㎝ほどで、黒マルチをかけておきます。

種まき　種を一晩から二晩水に浸し、白い根が出た状態で種をまきます。暖かくなった5月中旬以降、株間60㎝で3～4粒ずつ種をまきます。本葉が出始めた頃に、元気な株を1～2株残して間引きます。このときに元気の良いのが2本あれば2本残し、1本しか元気の良いのがなければ1本にします。小さな弱い株は残しても、その後の生育も良くありません。直根性（ゴボウ根）で根が途中で傷つくと生育

赤紫色のオクラ

八丈オクラの生育

種を保存

スターオブデイビッド

が止まるため移植を嫌うので、ポットまきしたい場合は根を傷つけぬよう本葉３～４枚以内の若苗で植えましょう。また、間引きの際も、根を傷めぬよう引き抜かず、はさみで切り取ります。

摘芯　一株だけの場合は脇芽も２本伸ばしますが、二株の場合は脇芽は全部摘み取ります。丈が高くなり過ぎて困るようなら早めに茎を途中で切って、枝を出させて分枝してもよいです。

収穫　10㎝くらいの食べ頃の大きさになったら収穫です。オクラは生育が早く、採り遅れると硬くなってしまうので気をつけましょう。

種採りのヒント

母本選び　生育が良く、勢いのある株を母本に選びます。緑色の莢が茶色になり、亀裂が出始めたら切り取って収穫します。

種採り　莢を風通しの良いところにつるし、乾燥させます。莢を割って種を取り出し、ボウルなどに入れて乾燥させ、紙袋などに入れて保管します。

〈果菜類〉

ゴマ

ゴマ科

素顔と系統・品種

原産地はインド、またはアフリカといわれていますが、日本でも奈良時代や平安時代の文献にはすでに記録がある歴史の古い作物です。

ゴマから搾油したゴマ油は和食や中華に欠かせない存在ですが、現在、日本で流通しているゴマの99・9%が外国産。国内で栽培されたゴマは、とても希少な存在なのです。品種は黒ゴマ、金ゴマ、茶ゴマなどです。

育て方のポイント

畑の準備　まず、黒マルチを張っておきます。15cm間隔で2条まきに適した「9215」のマルチを使うと便利です。

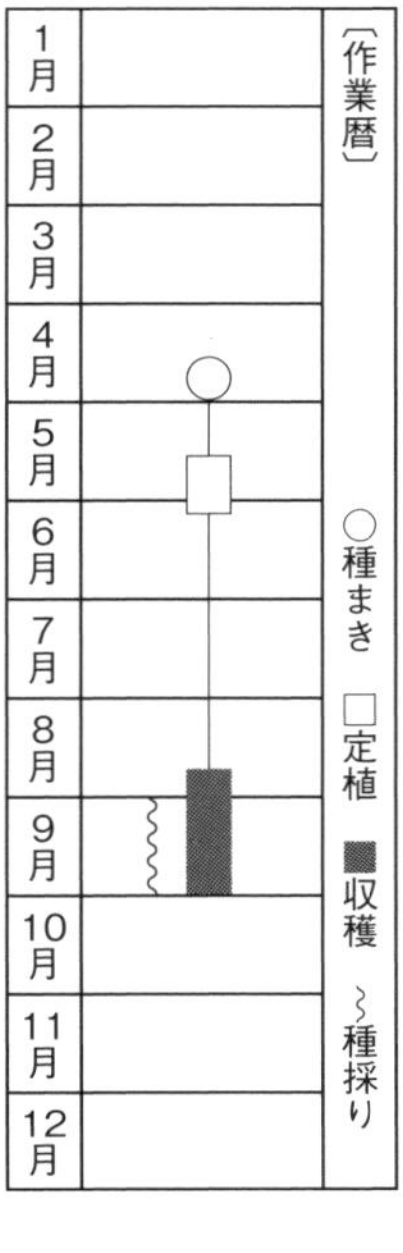

直まき　株間15cm間隔で1穴に3粒、種がじゅうぶん隠れる深さに播種します。

収穫　種子の詰まった蒴《さく》が褐色になったら、株ごとはさみでカットし、風通しの良い場所に置いて追熟させます。乾燥したらセメントをかき混ぜるようなプラ船の中で株ごとたたき、種を出します。これを取り出してごみを取り除いていきます。ごみ取りは大変な作業ですが、唐箕《とうみ》や専用のふるいを使ってていねいに選り分け、取り出しましょう。

種採りのヒント

生育の良かった株を選び、別に残しておきます。これをシートの上に並べて乾かし、蒴が裂開した頃に、梶棒などで蒴をたたいて種を採り、保存しておきます。

（まとめ協力・三好かやの）

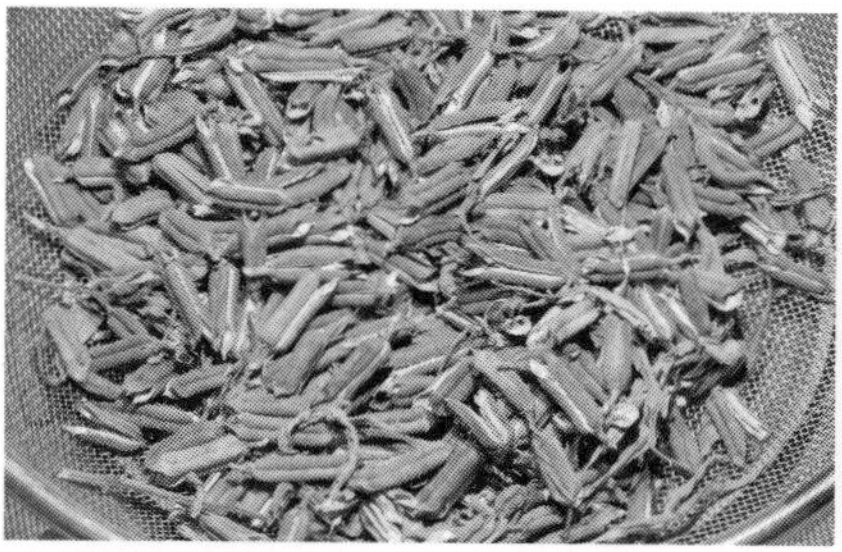
種の詰まった莢

金ゴマの生育

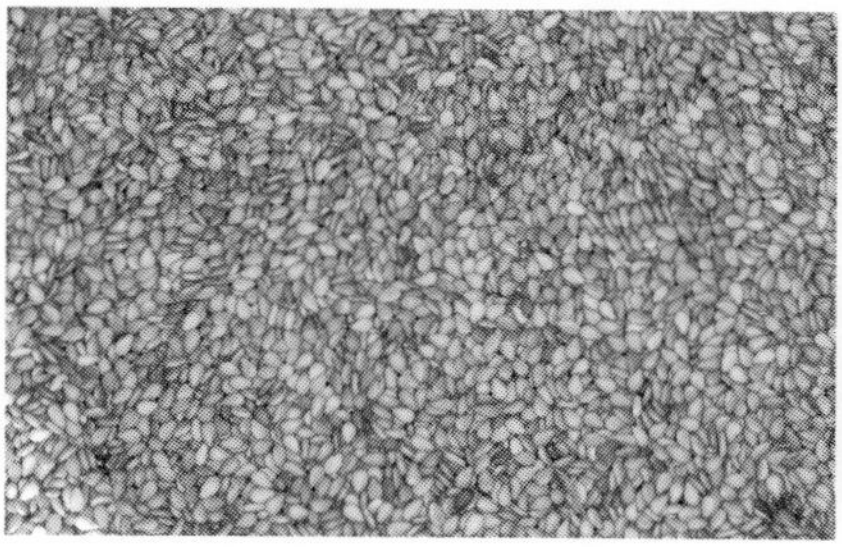
種（金ゴマ）

ゴマの開花（7月）

〈果菜類〉トウモロコシ

イネ科

素顔と系統・品種

中南米原産のトウモロコシは、いまではほとんどがF_1種となり、固定種のトウモロコシは市場では見かけなくなってしまいました。固定種のトウモロコシはF_1種のようにしゃきっとした食感や甘みがなく、もちもちしていて糖度も低いですが、取れたてを生で食べるとなんともいえないおいしさです。品種は白もちとうもろこし、黒もちとうもろこし、甲州とうもろこしなどです。

育て方のポイント

畑の準備　畝の高さは10～15㎝、2条植えで畝幅は80～100㎝とし、黒マルチを当てておきます。マルチは必ずしもしなくてもよいです。

雄穂（先端につく）

雌穂（絹糸状の花柱）

収穫期のトウモロコシ

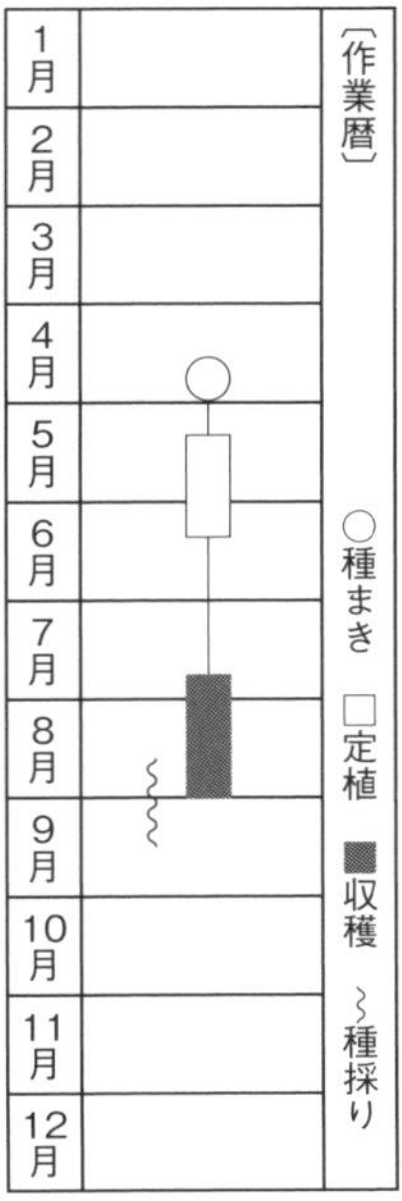

種まき　5〜6月に条間50cm、株間40〜50cmに2〜3粒種をまきます。トウモロコシは受粉がうまくいかないと歯抜けになってしまうので、受粉しやすいよう数本かためて栽培するとよいです。

間引き　本葉3〜4枚になったら元気な株1本を残し、残りははさみで切り取ります。このタイミングでトウモロコシの株間にエダマメをまきます。雌穂はいちばん上のみを残し、下のほうに出ている雌穂はいちばん上の雌穂の絹糸（毛）が出始めた頃に取り除き、ヤングコーンとして利用します。

栽培管理　トウモロコシの栽培で厄介なのがアワノメイガです。キュウリパイプなどを使用し、株全体を防虫ネットや不織布で覆ってやるとよいです。また、アワノメイガはトウモロコシの花粉に誘引されるため、受粉に必要な雄穂以外は先に切り取っておくのもよいです。

受粉が終わったら（花粉が出なくなれば）早めに雄穂を取り除いておくことで、産卵を防いで被害を抑えることもできます。受粉後の雌穂には、台所用の水切りネットなどをかけてカバーしておくのも有効です。

収穫　収穫適期は絹糸が出てから3週間くらいで、雌穂の絹糸がこげ茶色になったら収穫します。収穫が遅れると粒皮が硬くなり、甘みも少なくなるので気をつけましょう。

種採りのヒント

雌穂を覆っている皮が緑色から淡褐色に変わってきたら刈り取り、皮をむいて束ね、風通しの良い場所につって乾燥させます。じゅうぶん乾燥したら手でほぐしながら脱粒させ、ボウルなどに入れて陰干しをし、乾燥剤入りの瓶などに入れて冷暗所などで保管します。

トウモロコシの生育

収穫果

乾燥トウモロコシと種粒

〈葉茎菜類〉ハクサイ

アブラナ科

素顔と系統・品種

ハクサイはうまく結球させるのが難しいですが、その土地の気候に合わせて適期に種をまいて栽培すればちゃんと結球するようになります。結球しなくても春に取れるハクサイの菜の花は甘くておいしいです。日本ではハクサイは結球するものとなっていますが、原産地の中国では結球しない品種も多いようです。品種には松島純二号白菜、ちりめん白菜などがありますが、ここでは松島新二号白菜です。

ハクサイの結球

生育の状態

育て方のポイント

畑の準備　畝の高さ10～15㎝、畝幅は80～100㎝で、黒マルチをかけておきます。

種まき・育苗　8月中旬、128穴のプラグトレーに種をまき、本葉が出てきたら7㎝ポットに移植します。直まきの場合は1か所に4粒ほどずつ隠れる程度に種をまきます。種まきの時期が遅くなると結球しづらくなるので、適期にまきましょう。

定植　本葉が4～5枚くらいになったら株間60㎝

で定植します。定植後すぐに防虫ネットか不織布でトンネルをしておくと、害虫の被害を抑えることができます。

収穫　固定種だと生育がそろわず、結球するのにも差が出てきます。結球したものから順に収穫していきます。

種採りのヒント

アブラナ科の野菜は、同じアブラナ科のものとよく交雑してしまいます。交雑は主に虫によりますが、なかには風によって行われる場合もあります。種採りには、花の時期に他のアブラナ科の野菜がなかったり、あらかじめ防虫網をかけて交雑を防いだりすることが必要になります。

まず、株全体が黄色くなったら株元から刈り取り、莢の部分を切り取って防虫網に包み、風通しの良いところに2週間ほど干しておきます。乾燥したら、莢をほぐしたり揺らしたりして脱粒。これをボウルなどに入れて短時間天日に当て、2~3日陰干しをして紙袋などに入れ、冷蔵庫などで保管します。

ハクサイ畑

結実

保存用の種

〈葉茎菜類〉キャベツ

アブラナ科

素顔と系統・品種

キャベツの原種は、ブラッシカ・オレラセア（和名：ヤセイカンラン）という野草で、これから都合の良い性質を残して結球するキャベツがつくられました。この原種は、ブロッコリー、カリフラワー、ケール、芽キャベツなどと同じ起源植物とされ、もともとヨーロッパ西部や南部の海岸地域原産の植物から生まれたものです。イギリスで発達し、明治期に日本へ渡来してきたといわれています。

結球（富士早生甘藍）

開花

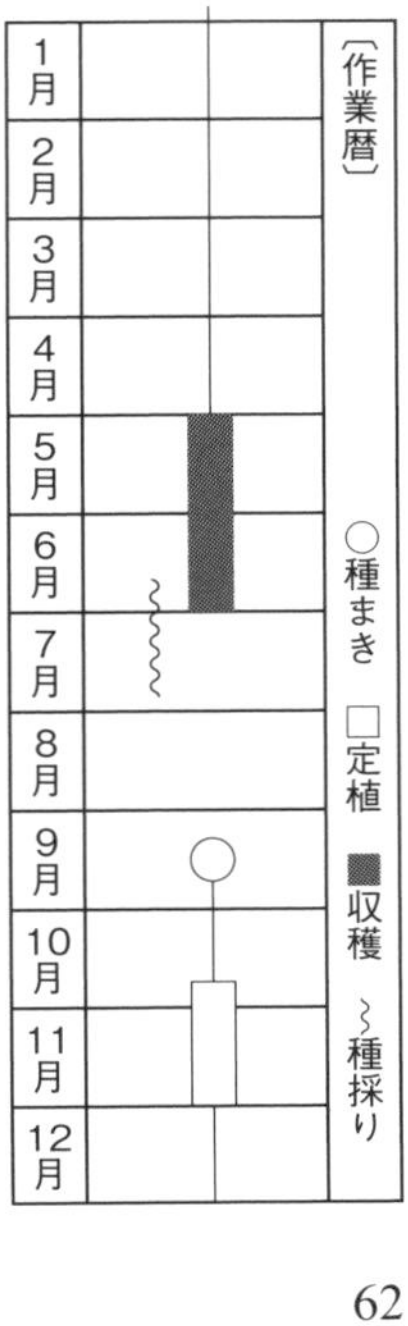

キャベツには、「春まき」「夏まき」「秋まき」と3回まきどきがあり、初心者には害虫が比較的少なく、温度管理もしやすい「秋まき」がおすすめです。固定種には春植え用の品種、秋植え用の品種などがあるので、栽培したい時期に合った品種を選びましょう。品種は春キャベツの富士早生甘藍《かんらん》です。

育て方のポイント

畑の準備　畝の高さは10～15cm、畝幅は80～100cmで、黒マルチをかけておきます。春まきし

図２-４　キャベツづくりのポイント

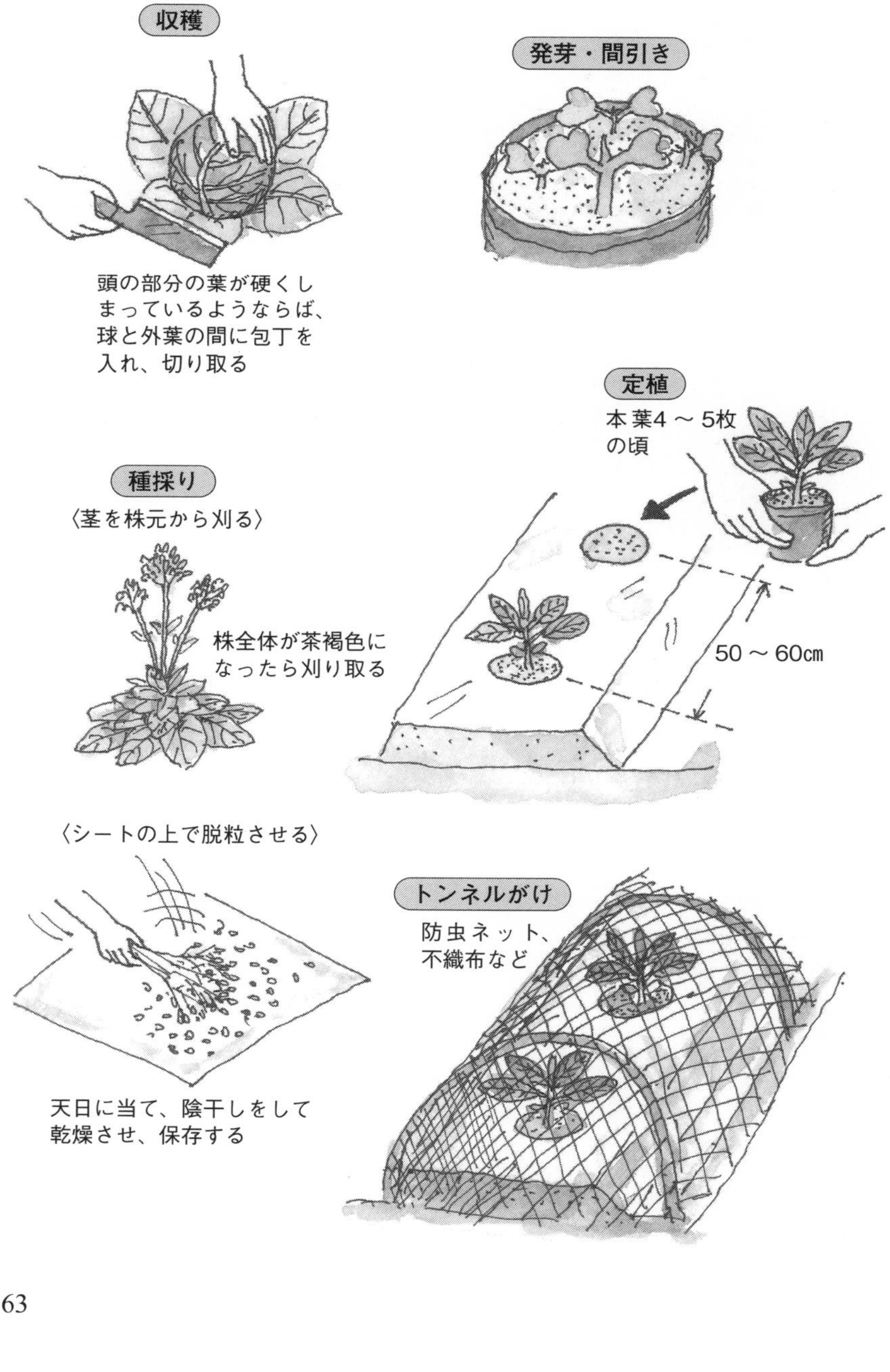
収穫
頭の部分の葉が硬くしまっているようならば、球と外葉の間に包丁を入れ、切り取る
発芽・間引き
定植
本葉４～５枚の頃
50～60㎝
種採り
〈茎を株元から刈る〉
株全体が茶褐色になったら刈り取る
〈シートの上で脱粒させる〉
天日に当て、陰干しをして乾燥させ、保存する
トンネルがけ
防虫ネット、不織布など

つるして乾燥

破裂し、とう立ちする

種を保管

莢の部分を切り取る

て夏収穫する場合は、白黒マルチがよいでしょう。マルチを使用しない場合は、枯れ草や稲わらでグランドカバーをします。

種まき・育苗　9月下旬、6㎝ポットに3～5粒、種が隠れる程度にまきます。本葉が2～3枚になったら、生育の良い株を1本残し、残りは間引きます。

定植　本葉が4～5枚になったら、株間50～60㎝で定植します。定植後、防虫ネットか不織布でトンネルをしておくとよいです。

収穫　5～6月、結球したものを収穫します。

種採りのヒント

結球したものからとう立ちし、開花して株全体が淡褐色になったところで株元から刈り取り、莢の部分を切り取って防虫網に包み、風通しの良い場所で2週間ほど干します。莢の部分を切り取り、ほぐしたりたたいたりして脱粒。ゴミを2㎜のふるいを通して除去したり、息をかけて吹き飛ばしたりします。種を短時間天日に当て、さらに陰干しをした後、紙袋などに入れ、冷蔵庫などで保管します。

〈葉茎菜類〉ブロッコリー

アブラナ科

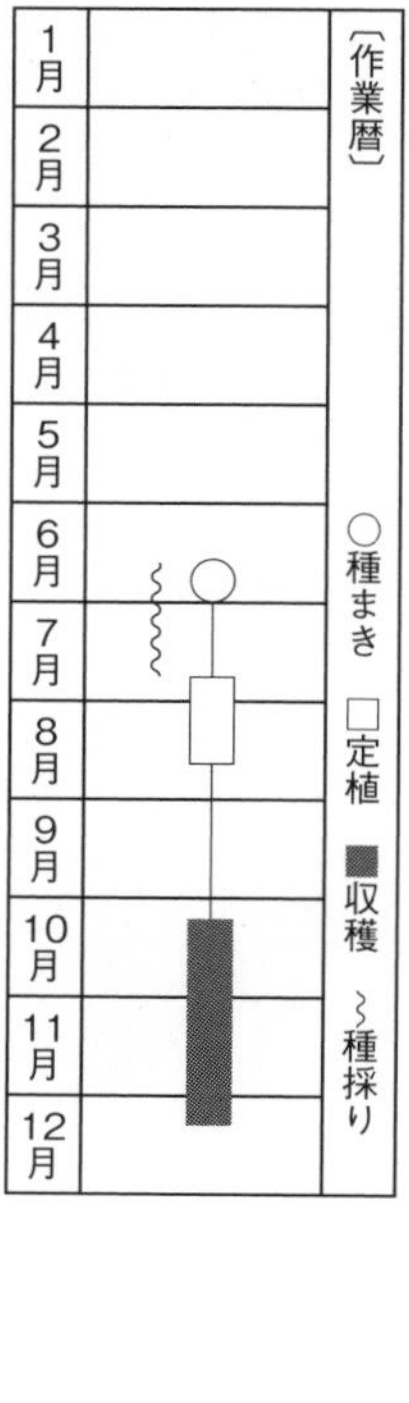

素顔と系統・品種

原産地は地中海沿岸で、キャベツの仲間のカイランを品種改良したものともいわれています。ビタミンCやカロテン、鉄分も多く含まれ、緑黄色野菜の代表です。

収穫期のブロッコリー

開花

ブロッコリーには、茎の先端部分に蕾をたくさんつける「頂花蕾型」や、茎から伸びた脇芽の先に小ぶりな蕾をつける「脇芽型」があります。

一般に市場でブロッコリーと呼ばれるものは「頂花蕾型」のもので、「脇芽型」は、「茎ブロッコリー」と呼ばれており、茎がやわらかく、甘みがあるのが特徴です。種を採る際は、ナッパなどとは染色体数が違うので交雑しませんが、キャベツ、カリフラワー、ケールなどとは交雑するので気をつけましょう。ここでの品種は、固定種ブロッコリーの定番となっているドシコです。

育て方のポイント

畑の準備　畝の高さは10～15cm、畝幅は80～90cm

ほどで、黒マルチをかけておきます。春まきして夏収穫する場合は、白黒マルチがよいでしょう。マルチを使用しない場合は、枯れ草や稲わらでグランドカバーをします。

種まき・育苗　6～8月、6㎝ポットに3～5粒、種が隠れる程度にまきます。本葉が2～3枚になったら、生育の良い株を1本残し残りは間引きます。

定植　本葉が5～6枚になったら、株間50～60㎝で定植します。定植後、防虫ネットか不織布でトンネルをしておくとよいです。

収穫　播種後、90～100日で収穫できます。頂花蕾収穫後、側枝の発生が多いので側花蕾として長期間収穫できます。

種採りのヒント

ハクサイなどに準じますが、株全体が淡褐色になったら株元から刈り取り、防虫網に包んで2週間ほど風通しの良い場所で干します。莢から種を脱粒し、ごみを取り除いた後、短時間天日に当て、さらに陰干しをしてから紙袋などに入れ、冷蔵庫などで保管します。

定植

ミツバチによる受粉

収穫した側花蕾

保存用の種

図2- 5　ブロッコリーづくりのポイント

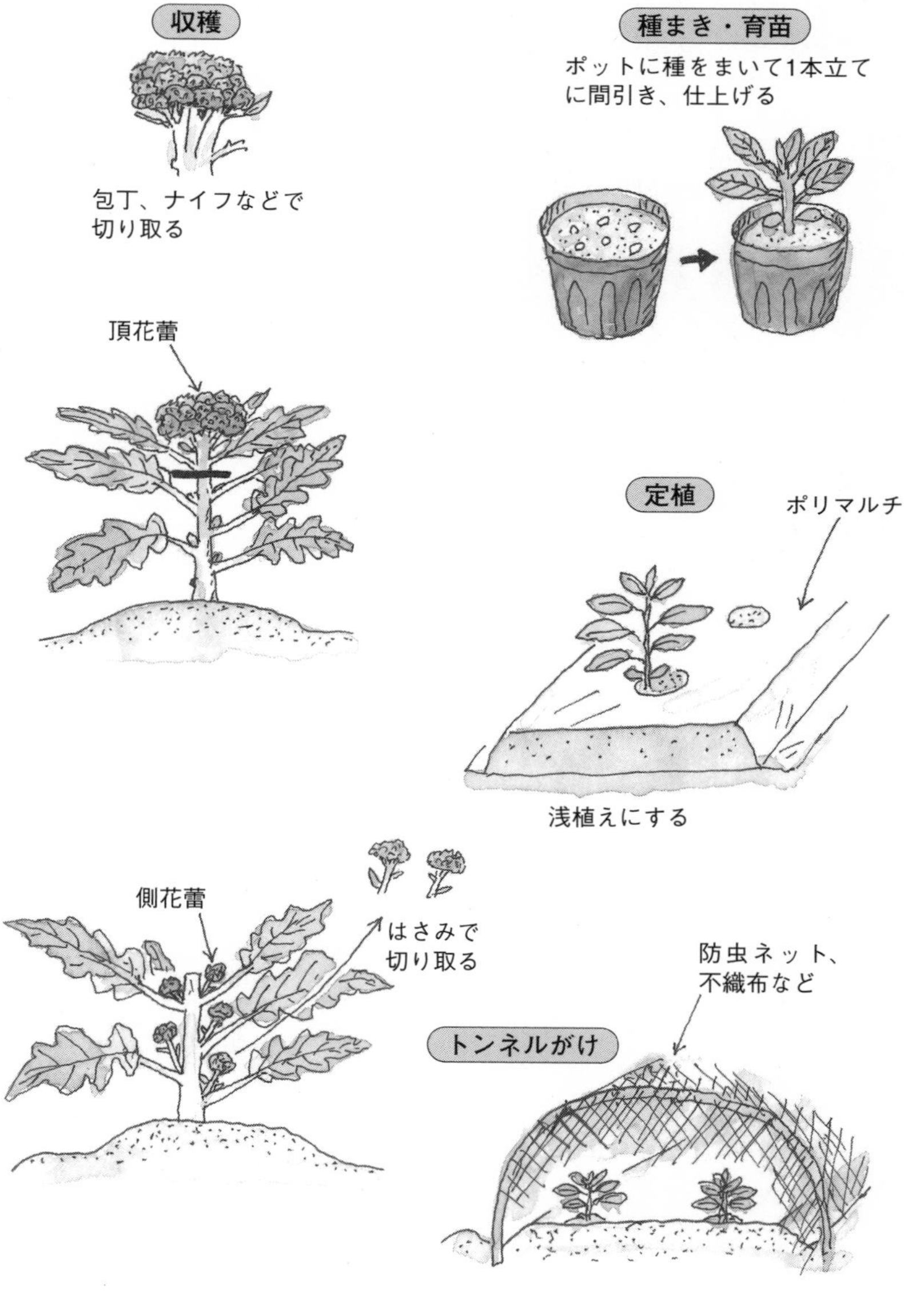

〈葉茎菜類〉コマツナ

アブラナ科

素顔と系統・品種

コマツナの祖型は、文化元年（1804年）の古文書に「小松川地方の菜は茎丸くして少し青く味旨し」と記録されています。丸葉で淡緑色が元来の姿。

収穫期のコマツナ

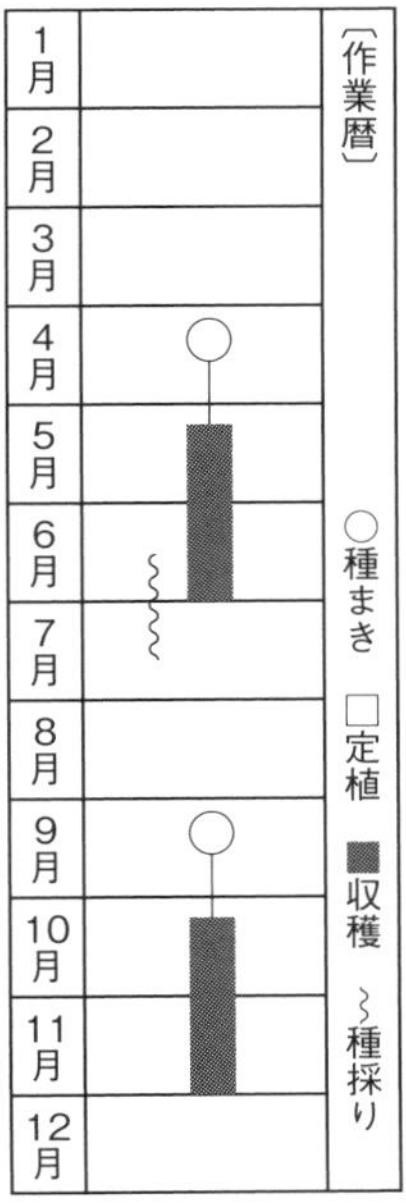

全国各地の菜類が江戸で複雑に交雑してできた雑種系の葉茎菜類です。

コマツナは耐寒・耐暑性が強く、周年栽培も可能。生育も非常に早く、チンゲンサイなどと同様に栽培します。タイナとチンゲンサイをかけ合わせたタイチュウサイもおすすめです。ここでの品種は早生丸《まる》葉《ば》小松菜です。

育て方のポイント

畑の準備　畝の高さは5～10cm程度、畝幅は80～100cmほどで畝をつくっておきます。

種まき・育苗　条間20cmで条まきし、不織布をべたがけしておきます。発芽までは水を切らさないようにします。

収穫　背丈10cmくらいになったらべたがけを外

し、間引きしながら順次収穫を行います。べたがけの後はトンネルにするとよいです。

種採りのヒント

母本選び　生育の良いものを数株選びます。

移植の方法　母本を株ごと引き抜き、種採り用の畑や鉢に植えつけます。とう立ちして花が咲く頃にそれぞれの株の花をはたきなどでたたき、人為的に受粉の手助けをします。

種採り　株全体が淡褐色になったら、莢がはじけないうちに株元から刈り取り、防虫網に包んで2週間ほど風通しの良い場所で干します。じゅうぶん乾燥したら莢から種を脱粒し、ごみを取り除いた後、短時間天日に当て、さらに陰干しをしてから紙袋などに入れ、冷蔵庫などで保管します。

開花

コマツナ畑

種を保管

〈葉茎菜類〉
カラシナ
アブラナ科

素顔と系統・品種

カラシナの茎葉は油炒めやおひたし、漬け物などに利用され、種子はからし（和がらし）の原料となります。品種はリアスからし菜、黄がらし菜、縮緬《ちりめん》葉がらし菜、三池高菜などがありますが、ここでは赤リアスからし菜です。

育て方のポイント

畑の準備　畝の高さは5～10cm程度で、畝幅は4条植えで80～100cm。

種まき・育苗　春4月上中旬頃と9月上中旬頃に種をまきます。条間20cmで条まきし、種まき後、すぐに不織布をべたがけして発芽まで水を切らさないようにします。赤リアスからし菜はとう立ち（花茎が急速に伸びること）しやすいので、地域によっては早まきしないように種をまくタイミングには気をつけましょう。

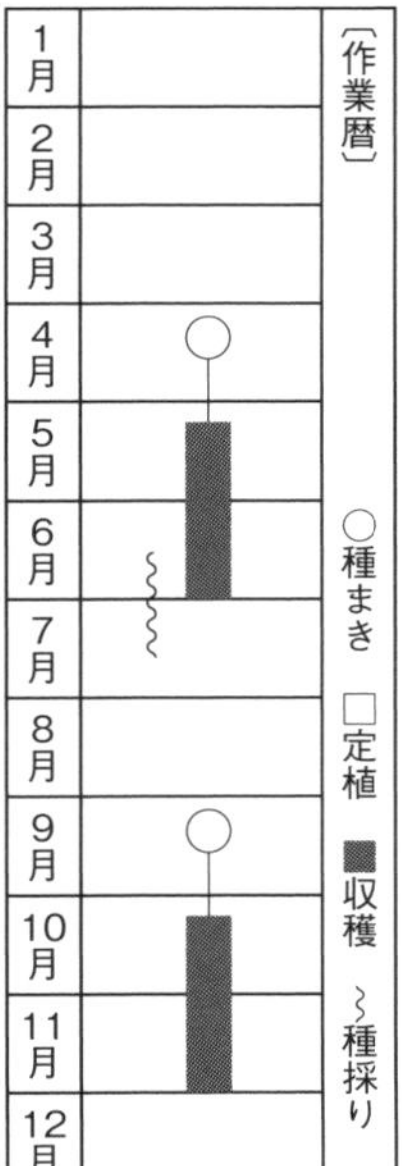

収穫　生長に合わせて込み入ってきたら、間引きをして株間を広げながら最終的に株間が20cm間隔くらいになるように収穫をしていきます。

種採りのヒント

ハクサイの場合に準じ、莢が成熟してきたら株を刈り取り、防虫網に包んで風通しの良い場所で乾燥。脱粒し、不良種子とごみを除去。さらに陰干し後、紙袋などに入れて冷蔵庫などで保管します。

〈葉茎菜類〉
ナバナ（ノラボウナ）
アブラナ科

素顔と系統・品種

ノラボウナは、江戸東京野菜の一つとされ、数あるナバナの中でも葉はもちろん、とう立ちしてくる花茎（芽）も抜群においしい春野菜です。また、アブラナ科には希有な自家和合性なので、一株だけでも自分の花粉で受粉する特性を持っていて種採りのため、移植や隔離をする必要はありません。自家採種も簡単にできるおすすめの野菜です。品種はのらぼう菜です。

収穫期のノラボウナ

開花

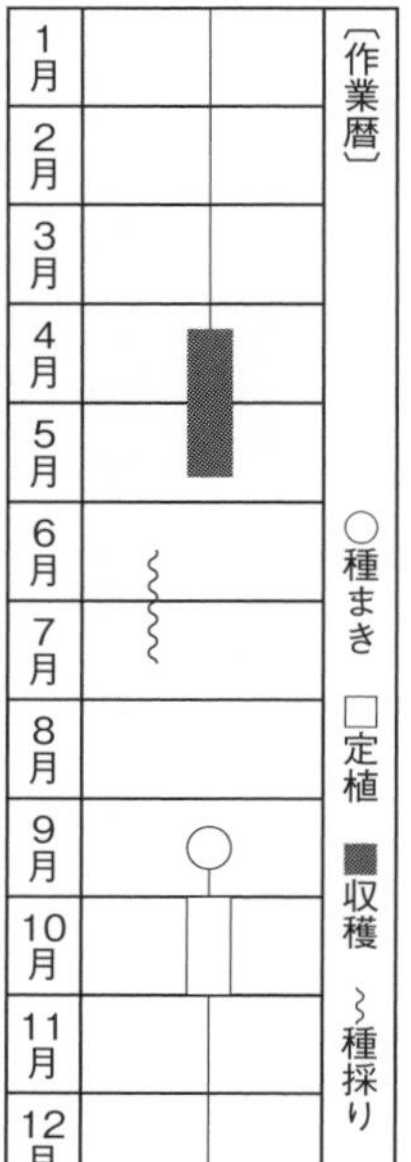

育て方のポイント

畑の準備　畝の高さは10～15㎝程度で、畝幅は2条植えで80㎝。

種まき・育苗・定植　9月中旬頃に条間40㎝で条まきし、種まき後すぐに不織布をべたがけして、発芽まで水を切らさないようにします。べたがけをしない場合は、土が隠れる程度に枯れ草や籾殻などで畝にグランドカバーをしましょう。わたしは7㎝ポットで苗を育苗し、畑に定植します。

結実

保存用の種

収穫　生長に合わせて込み入ってきたら、間引きをして株間を広げながら最終的に株間が40㎝間隔くらいになるように収穫をしていきます。

種採りのヒント

ナバナ類もハクサイの場合に準じ、株を刈り取り、乾燥、脱粒をして、不良種子とごみを除去します。さらに陰干し後、紙袋などに入れて冷蔵庫などで保管します。

〈葉茎菜類〉ミズナ

アブラナ科

素顔と系統・品種

和名ミズナの名の由来は、堆肥などを使用せず、流水（清流）を畦間に引き入れて栽培していたため「水菜」の名があるとされています。ほとんどが水耕栽培になってしまいました。露地栽培だと葉が硬くなりがちなので、乾燥しないように注意が必要です。品種には早生京壬生菜《みぶな》、中生《なかて》京壬生菜などがありますが、ここでは早生千筋《せんすじ》京水菜、紅法師です。

育て方のポイント

畑の準備　畝の高さは5～10㎝程度で、畝幅は4条植えで80～１００㎝。

種まき・育苗　春4月上中旬頃と9月上中旬頃に種をまきます。条間20㎝で条まきし、種まき後すぐ

開花（ミズナ）

ミズナ

結実（ミズナ）

ミブナ

に不織布をべたがけして、発芽まで水を切らさないようにします。背丈が10㎝くらいになったらべたがけを外し、トンネルにします。なお128穴のプラグトレーに種をまき、本葉が3～4枚くらいで畑に移植して栽培することもできます。

収穫　ミズナは子株から大株まで育てることができるので、生長に合わせて込み入ってきたら間引きをして株間を広げながら収穫をしていきます。

種採りのヒント

ミズナなど漬け菜類もやはりハクサイの場合に準じ、株を刈り取り、乾燥、脱粒、不良種子とごみの除去を行い、さらに陰干し後、紙袋などに入れて冷蔵庫などで保管します。

〈葉茎菜類〉

チンゲンサイ

アブラナ科

素顔と系統・品種

中国料理に欠かせないチンゲンサイは、非結球ハクサイの一種で、1970年代に中国から日本へもたらされました。日本では中国野菜の代表格で葉肉が厚く、炒めたり、高温で加熱しても色あせず、煮くずれしないのが特徴です。また、栄養価が高く、ビタミンCはハクサイの2倍、カロテンは20倍になるといわれています。品種は早生チンゲンサイ、中生チンゲンサイです。

育て方のポイント

畑の準備　播種する前に、幅80～90㎝、高さ5～10㎝の畝を立てておきます。

種まき　直まきです。条間20㎝で、4～7㎝間隔で4条まきにします。

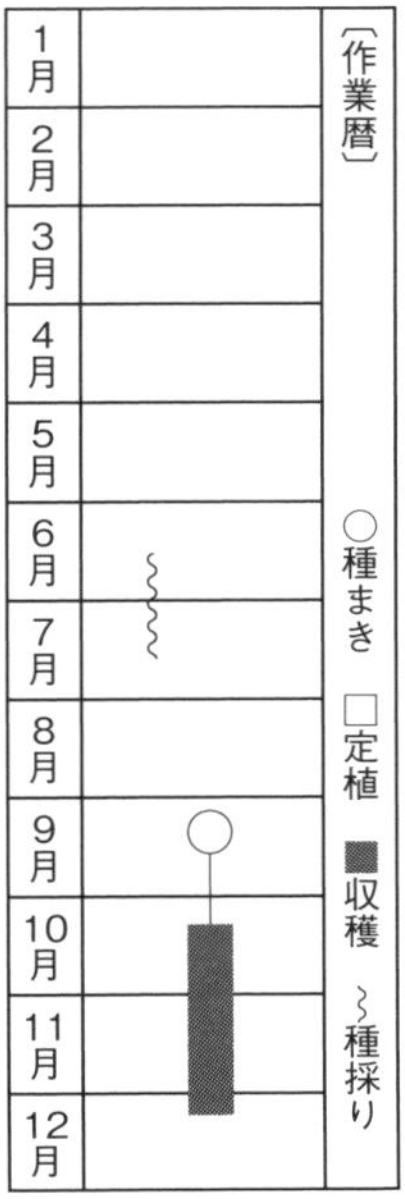

間引き　株間が10～12㎝になるように間引きます。株同士が避け合うので、収穫しながらの間引きも可能ですが、葉が茂り過ぎて込み合うと、外葉から腐りやすくなるので注意しましょう。

防寒対策　霜が降り始めると外葉や葉先が傷みやすくなるので、上から不織布などをかけ、ペグで固定します。

収穫　固定種は生育がそろわないことがありますが、草丈が20㎝程度になり、中が締まっているものから収穫します。

種採りのヒント

母本選び　虫害が少なく、上から見てきれいに葉が広がっている株を選びます。

移植の方法　母本を株ごと引き抜き、幅90㎝、高さ5～10㎝の畝を立て、株間40㎝でジグザグのちどり状に植えつけます。

移植後の管理　とう立ちして花が咲く前に、キュウリ用のアーチ型支柱パイプを使って、まわりを防虫ネットで囲います。

交配の方法　はたきなどで、それぞれの株の花をたたいて、人為的に受粉の手助けをします。

種採り　莢が枯れたら採種します。土が入らないように株ごと刈り取り、雨の当たらない場所で追熟、乾燥させます。乾燥すると莢がはじけ始めるので、シートで挟み込んで上からたたき、種を出します。

なかなか割れない莢は種が未熟なので、無理に出さなくてもよいでしょう。緩やかな風に当ててごみと未熟な種を選別し、採った種は袋や乾燥剤入りの容器に入れ、冷蔵庫で保存します。

（まとめ協力・三好かやの）

収穫期のチンゲンサイ

開花

種（中生チンゲンサイ）

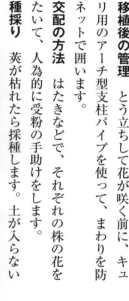

〈葉茎菜類〉

シュンギク

キク科

素顔と系統・品種

地中海沿岸原産のシュンギクは、中国で食用に栽培され、わが国への渡来は鎌倉時代とも室町時代ともいわれています。品種は中葉《ちゅうば》春菊です。葉の切れ込みが細かい中葉春菊は、香りが濃く主に関東を中心に好まれています。周年の栽培が可能で播種期は3～11月とされていますが、春まきはとう立ちしやすいので、あまりおすすめしません。

シュンギク（中葉春菊）

育て方のポイント

畑の準備　畝の高さは5～10㎝、畝幅は80～100㎝ほどで畝をつくっておきます。

種まき・育苗　条間20㎝で条まきし、枯れ草や籾殻などでグランドカバーをします。不織布をべたがけしてもよいです。発芽までは水を切らさないようにします。シュンギクは好光性種子なので、覆土は種が隠れる程度にします。

収穫　背丈10㎝くらいになったらべたがけを外し、間引きしながら順次収穫を行います。最終的に株間が20㎝になるようにし、本葉を2～3枚残して収穫し、脇芽を育てていけば長く収穫できます。

種採りのヒント

とう立ちした株をそのまま残しておくと、4～5月に開花して結実。咲き終わりの花殻を集めて網袋などに入れ、風通しの良いところで乾燥させます。じゅうぶんに乾燥したらもみほぐしてふるいにかけ脱粒、不良種子とごみを除去。さらに陰干し後、紙袋などに入れて冷蔵庫などで保管します。

シュンギクの開花

種（中葉春菊）

〈葉茎菜類〉レタス

キク科

素顔と系統・品種

地中海沿岸のレタスは品種が多く、葉が巻くものと巻かないもの、茎を食用にするものなどがあります。また、固定種では暑さに強くとう立ちしにくいオリンピアや逆に耐寒性の強いサリナスなどがあるので、栽培する時期に合わせて品種を選ぶとよいでしょう。

レタスは高温や乾燥が続くと苦くなるので、日陰を選んで栽培するとよいです。品種はサニーレタス、美味タス、オリンピア、サリナスです。

育て方のポイント

畑の準備　畝の高さは10～15㎝程度、畝幅は80～100㎝ほどで、春は白黒マルチ、秋は黒マルチを

収穫期のレタス

種を保存

レタスの生育

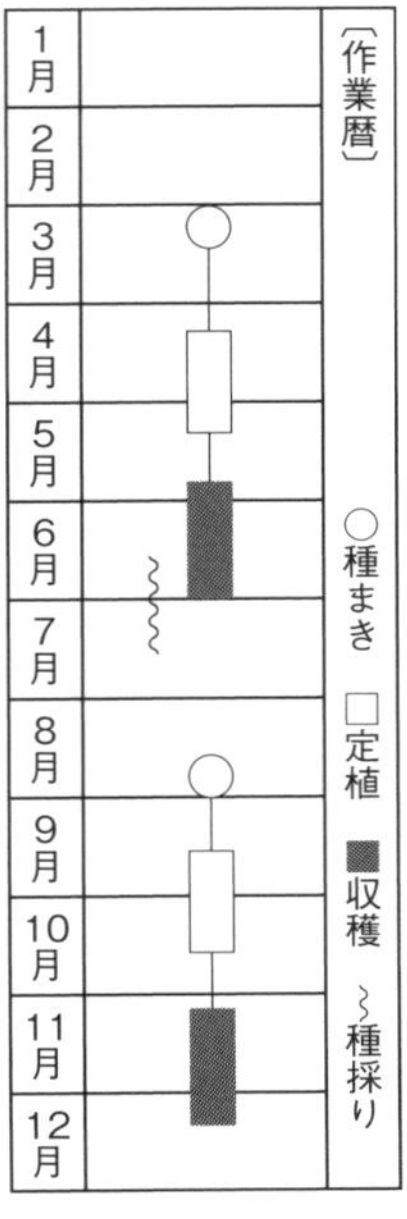

かけておきます。

種まき・育苗　128穴のプラグトレーに種をまき、本葉が2～3枚になったら7・5cmポットに移植します。

定植　本葉が5～6枚になったら、株間30～40cmで定植します。定植後は収穫までなにもしません。

収穫　適当な大きさになったら収穫します。

種採りのヒント

花が綿毛を出す状態まで生育したら摘み取り、防虫網に包んで風通しの良い場所で乾燥させます。じゅうぶん乾燥したら花をもみほぐし、種を取り出します。ふるい（1㎜目）でふるったり、息を吹きかけたりして不良種子とごみを除去。さらに陰干し後、紙袋などに入れて冷蔵庫などで保管します。

〈葉茎菜類〉カモミール

キク科

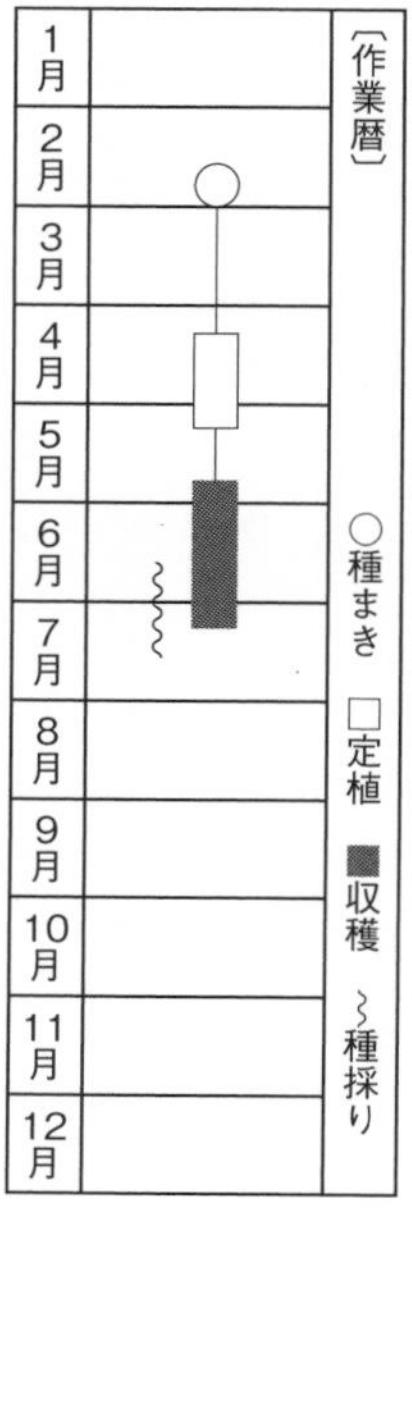

素顔と系統・品種

一般的にカモミールと呼ぶものには、ジャーマンカモミールとローマンカモミールの2種があり、この2種は成分や形態に似ている部分もありますが、分類上の属は異なります。ジャーマンカモミールは一年草または二年草ですが、ローマンカモミールは多年草です。

ローマンカモミールは耐寒性はありますが、日本の高温多湿の夏には弱いため、日陰の多いところを選んで育てるか、白黒マルチを使用して地温を抑えるとよいです。また、ローマンカモミールは草丈が低く、カーペット状に横に広がりグランドカバーとしても利用できます。

ヨーロッパ原産で世界各地で栽培され、挿し木や株分けして増やすこともできる強い植物です。品種はローマンカモミールです。

収穫期のカモミール（ローマンカモミール）

育て方のポイント

畑の準備　畝の高さは10～15㎝、畝幅は80～

100㎝ほどで、白黒マルチをかけておきます。

種まき・育苗　128穴のプラグトレーに種をまき、本葉が2～3枚になったら7・5㎝ポットに移植します。

定植　本葉が5～6枚くらいになったら、株間40㎝ほどで定植します。

収穫　6月頃に花が咲いたら収穫します。

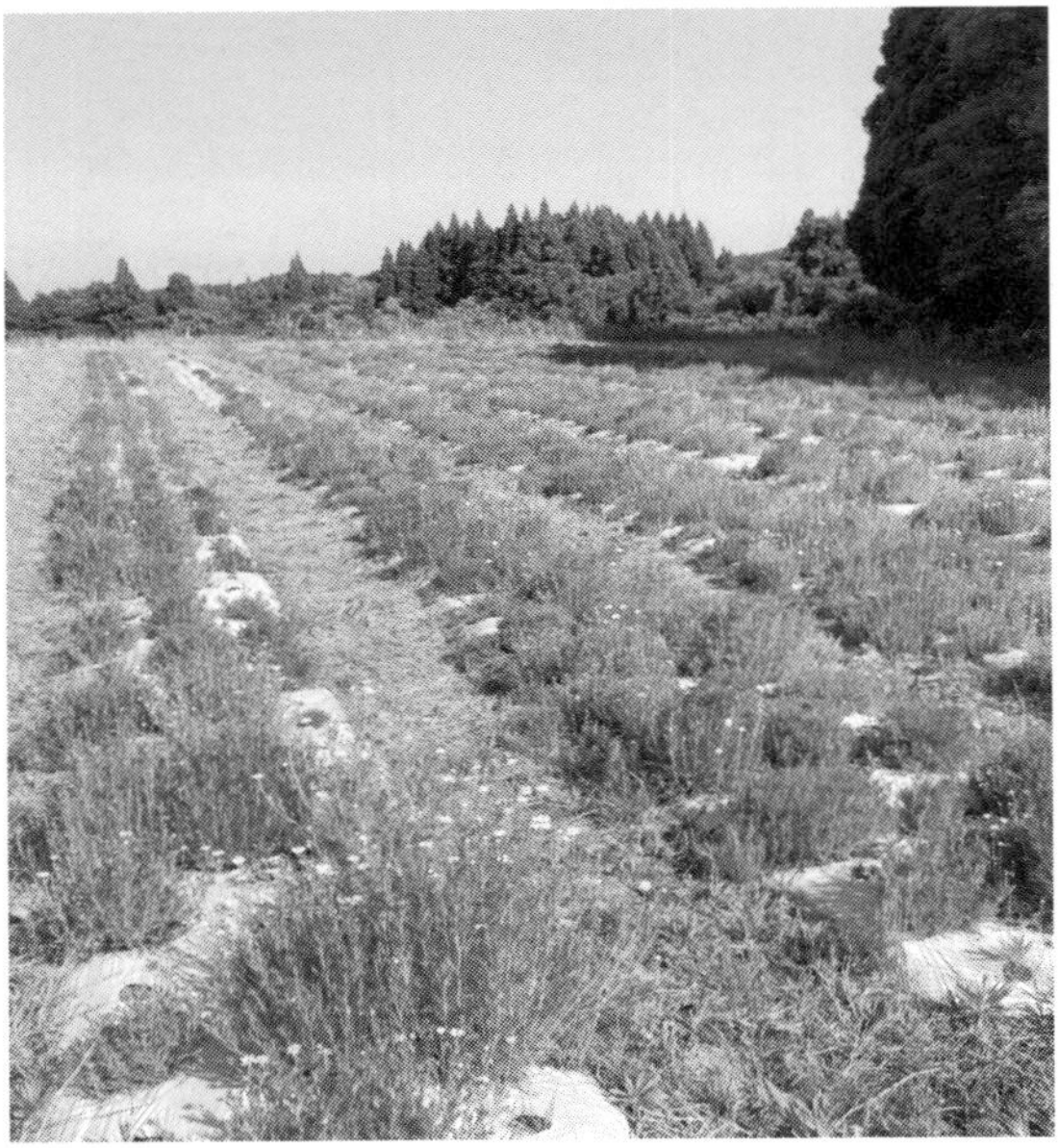

カモミールの畑

〈葉茎菜類〉ホウレンソウ

ヒユ科

素顔と系統・品種

中央アジア、イラン原産のホウレンソウ。針種の東洋種と丸種の西洋種があります。東洋種の日本ホウレンソウは江戸時代から高級野菜として国内で栽培されてきた、本当の日本在来種。すべてのホウレンソウの中で、最もおいしいといわれています。わたしも初めて自然栽培で育てた日本ホウレンソウを食べたときは、そのおいしさに感動しました。

西洋種のホウレンソウは葉に丸みがあるのに対し、日本ホウレンソウは葉がギザギザになっているのが特徴です。ここでの品種は日本ほうれん草です。

育て方のポイント

畑の準備　畝の高さは10～15㎝、畝幅は80～

図2-6　ホウレンソウづくりのポイント

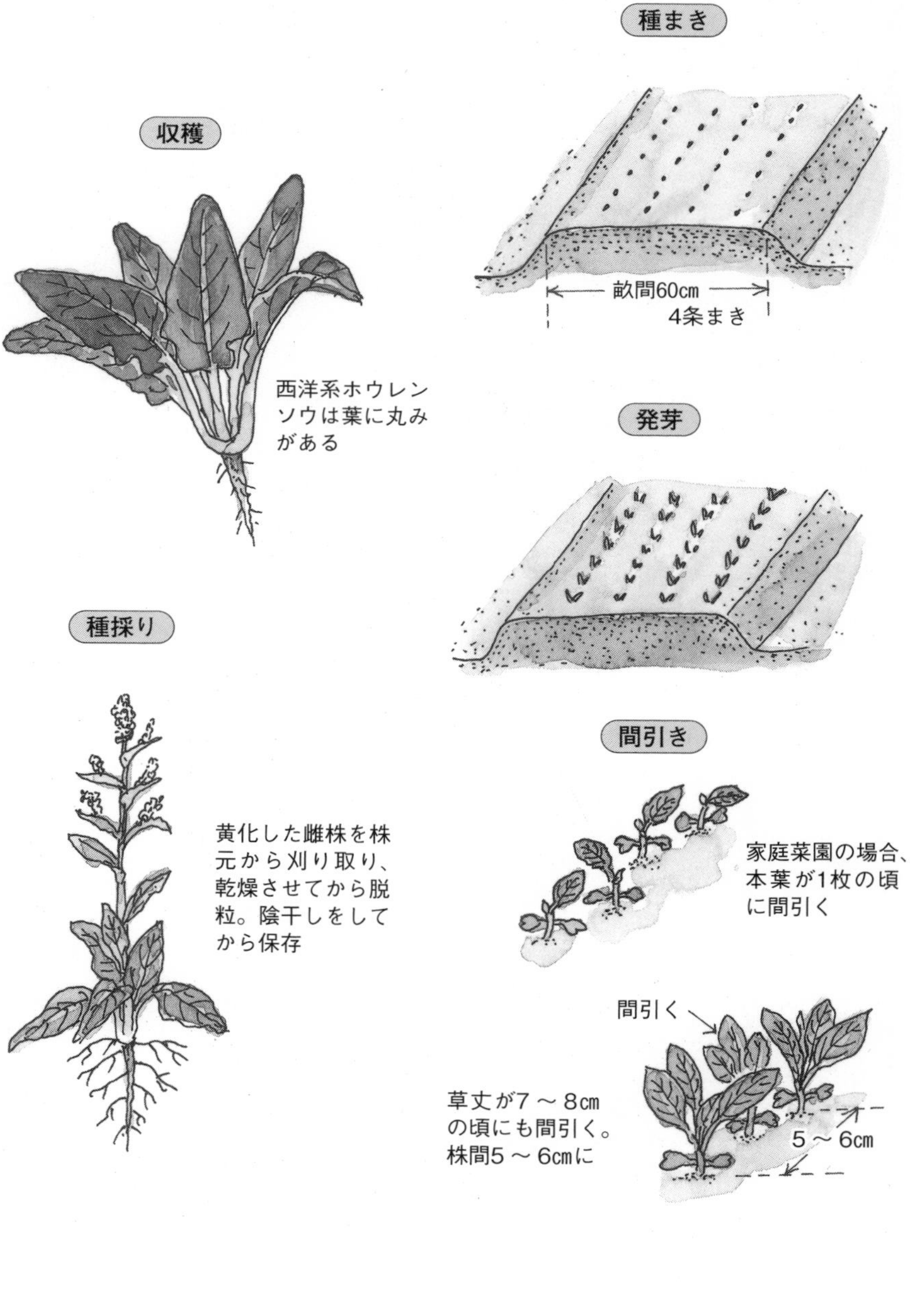
種まき
畝間60cm
4条まき
収穫
西洋系ホウレンソウは葉に丸みがある
発芽
種採り
黄化した雌株を株元から刈り取り、乾燥させてから脱粒。陰干しをしてから保存
間引き
家庭菜園の場合、本葉が1枚の頃に間引く
間引く
草丈が7～8cmの頃にも間引く。株間5～6cmに
5～6cm

100cmとします。

種まき　9月下旬～10月に条間20cmで条まきし、枯れ草や籾殻などでグランドカバーをします。不織布をべたがけしてもよいです。発芽までは水を切らさないようにします。種を一晩浸水し、根を出させてからまくと発芽がそろってよいです。

収穫　込み合ってきたら間引きをしながら収穫し、最終的に株間20cmくらいになるようにします。

日本ホウレンソウ

雌花

雄花

種（東洋種）

〔作業暦〕

1月	
2月	
3月	
4月	
5月	～
6月	～
7月	
8月	
9月	○
10月	｜
11月	■
12月	■

○種まき　□定植　■収穫　～種採り

種採りのヒント

とう立ち後、雄株、雌株の順に開花し、受粉します。生育の良かった雌株の花茎が黄化してきたら、株ごと刈り取り、防虫網に包んで風通しの良い場所で乾燥させます。よく乾燥したら脱粒させますが、数個の種子が固まって種子塊になっているのでていねいにほぐします。日本種は針種が多いのでゴム手袋などをして行います。ふるい（5㎜目）でふるったり、不良種子とごみを除去し、陰干し後、紙袋などに入れて冷蔵庫などで保管します。

〈葉茎菜類〉

クウシンサイ

ヒルガオ科

素顔と系統・品種

クウシンサイは別名が多く、エンサイ、ヨウサイ、アサガオナなどさまざまな呼び名があります。

東南アジア原産で、高温多湿の熱帯、湿地で多く栽培され、水耕栽培や湖沼での栽培も可能です。栽培は容易で、暑さに強いため葉野菜の少ない夏場に重宝します。ただ、寒さに弱く、最低気温が10℃を下回ると、茎も根も枯れてしまうので、九州以北の露地栽培では花をつけても種をほぼつけず、自家採種は難しいです。品種は空心菜です。

育て方のポイント

畑の準備　クウシンサイは水があれば大量に根を伸ばし、水を吸収し生長するので、日当たりが良く、水が集まりやすい場所を選んで栽培します。畝の高さは10cm程度、畝幅は90～100cmの畝をつくり、黒マルチを当てておきます。

種まき　5月中旬以降に株間40～50cmで二粒ずつ種をまきます。

間引き　背丈が20～30cmになったら一株を残し残りは間引きます。クウシンサイは水さえあれば茎から発根し増やせるので、間引いたものも移植して増やせます。

栽培管理　とにかく水を好む野菜なので、雨が降らず乾燥した日が続く場合はたっぷりと水を与えましょう。

収穫　背丈30cmくらいが収穫の目安ですが、収穫する際は主茎を下から3～4葉目で収穫し、脇芽を育てます。

〔作業暦〕

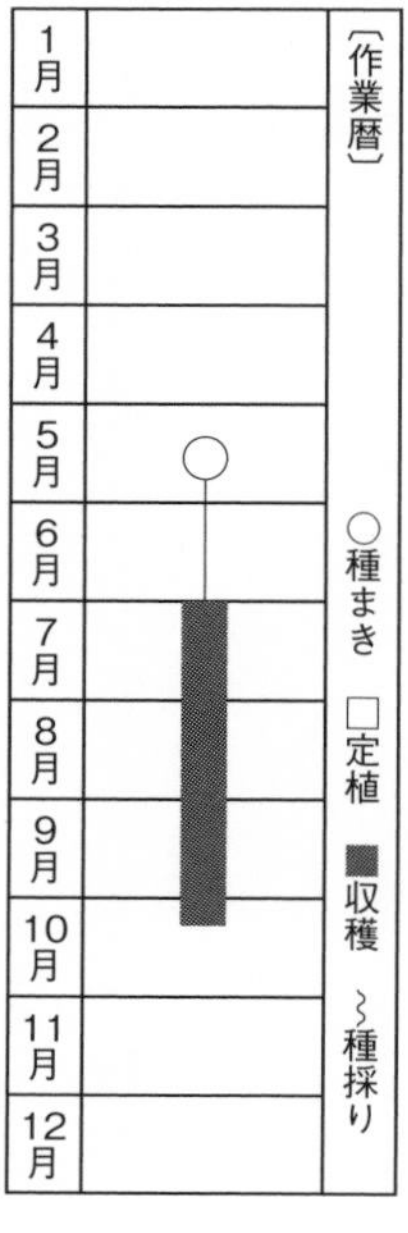

〈葉茎菜類〉

タマネギ

ヒガンバナ科

素顔と系統・品種

原産は中央アジアで、現存する最古の栽培植物の一つとされています。黄、白、赤の種類があり、収穫期の異なる極早生、早生、中生、晩生と特徴のある数多くの品種があります。ここでの品種は泉州中高黄《ちゅうこうき》大玉葱、湘南レッド、貴錦です。

湘南レッドなど

発芽

〔作業暦〕

1月	
2月	
3月	
4月	
5月	
6月	■ ～
7月	～
8月	
9月	○
10月	
11月	□
12月	

○種まき　□定植　■収穫　～種球づくり

育て方のポイント

畑の準備　畝の高さは15～20㎝、畝幅は80～100㎝で、15×15㎝の黒の穴あきマルチを当てておきます。

種まき・育苗　9月上旬、条間10～15㎝でまき溝をつけ、2～3㎝間隔で条まきします。発芽まで乾燥させないようにします。

定植　11月、鉛筆くらいの太さになった苗を株間15㎝くらいで定植します。このときに根を3㎝ほど残して切り、葉も3分の2ほど残して切って植えると実がより大きくなります。

収穫　6月、茎が倒伏してきたら収穫します。収

開花

定植後の生育

種を保管

湘南レッドの小玉を収穫

穫は晴天の日に行い、1～2日天日干しした後、雨の当たらない場所でつり、一般的な貯蔵やコンテナ貯蔵により保管します。

種採りのヒント

母本選び　生育が良く、病虫害に強いものを母本に選び、貯蔵しておきます。

移植の方法　貯蔵しておいた母本を10～11月、採種用の畑に移植します。

移植後の管理　春先になるととう立ちし、花茎が伸長してきます。やがてネギ坊主と呼ばれる花が咲きます。小規模の交配であれば人工授粉が有効です。開花期以降は、花が雨に当たらないように注意します。

種採り　ネギ坊主を切り取り、雨に当たらず風通しの良い場所で1～2週間乾燥させます。ネギ坊主の頂花の花被《かひ》が割れ出したら手で花被をもんだりして種を取り出し、ふるいにかけたりごみを除去したりして陰干しをし、紙袋などに入れて冷蔵庫などで保管します。

〈葉茎菜類〉
ネギ
ヒガンバナ科

素顔と系統・品種

ネギは、中国西部や中央アジアの乾燥地帯が原産。日本では『日本書紀』などに記載されているほど古くから伝わっていた野菜です。そのため、日本各地で個性的な固定種が栽培されています。

収穫期のネギ（石倉根深一本葱）

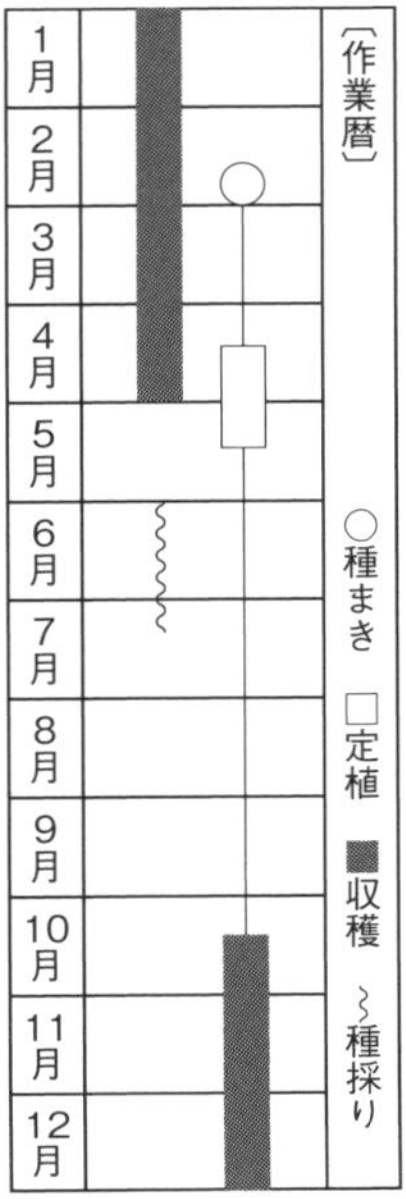

中でも石倉根《ね》深《ぶか》一本《いっぽん》葱《ねぎ》は、昭和初期に群馬県前橋市で育成され、品質を保持されてきたネギで、播種から収穫まで1年以上かかります。1年目に採った種は、その年には間に合いません。そのため、最初は2年連続で種を購入して栽培し、自家採種を始めます。

石倉根深一本葱は、生で薬味として味わうと、さわやかな辛みと渋みがあり、火を通すとトロリと甘くやわらかくなり、一般に出回っている硬いF_1種にはない魅力があるのです。品種は石倉根深一本葱のほか、下仁田《しもにた》葱、京都九条太葱などがあります。

育て方のポイント

畑の準備　秋の長雨に備え、20㎝程度の高畝を仕立てておきます。マルチは必要ありません。

種まき・育苗　畑で苗をつくるので、密植させて種をまきます。販売目的で大量に栽培するなら幅95cmの畝に5条まきをします。家庭菜園の場合は、ばらまきして上からふるいにかけながら覆土して、軽く抑える程度でよいでしょう。

植えつけまで間引きは必要ありませんが、苗が草に負けないよう、しっかり除草します。

苗管理　12月に入った頃、霜対策としてビニールトンネルをかけます。黒ビニールは遮光し過ぎで、透明ビニールは夜の保温性と霜に弱いので、何度も使って汚れたビニールが最適です。そうした資材がない場合、寒冷紗をかけた上に、透明ビニールをかけてもよいでしょう。

定植　苗の太さが1～1.5cmになったら、根を傷つけないようにていねいに掘り出し、本圃に改めて移植します。一般的には5月に植えつけますが、無肥料自然栽培の場合は生育が遅いため、6月中旬に行います。

畑に専用の道具で5cm間隔程度の穴をあけ、ネギ

発芽

ネギの生育

出荷用のネギ

を差し込んでいきます。このとき、ネギは根の酸素要求量が高いので、なるべく浅く植えるようにします。溝を掘って植える場合は、土を根元に薄くかけ、土を乾燥させ過ぎないように、落ち葉や稲わらをかぶせてやってもよいでしょう。

土寄せ　8～11月、数回に分けてネギの白い部分が隠れるように土を株元に寄せ上げて、土寄せを行います。土を寄せると、ネギの白根が寄せた土に向かって上に伸びてきます。その根の生長に合わせて、土を数回寄せ上げていきます。

開花

保存用の種

収穫　12月に入ると収穫が始まります。株の土の中まで手を入れて、なるべく下の部分を持って引き抜きます。

種採りのヒント

母本選び　収穫時期になるべく生育の良いものを母本に選びます。

移植の方法　採種用の畑へ移植します。家庭菜園などで場所がない場合は、プランターや植木鉢に植え替えてもよいでしょう。

移植後の管理　6月頃に花が咲きますが、花に雨を当てないように注意します。花に雨が当たると、ネギ坊主の中で種が芽を出してしまうからです。

種採り　全体に種が稔実し、触れると種が落ちるくらいになったら、ネギ坊主のまま刈り取ります。ネギ坊主を袋の中で振るようにして種を採ります。風でごみを飛ばし、日陰で3日間くらい陰干しして乾燥剤入りのタッパーやガラス瓶などの容器に入れて保存します。

（まとめ協力・三好かやの）

〈葉茎菜類〉ニラ

ヒガンバナ科

素顔と系統・品種

ニラは中国原産の多年草で、比較的栽培は容易です。一度苗を植えてしまえば、5年ほど繰り返し収穫も可能で、年に4～5回収穫できます。品種はたいりょうです。

収穫期のニラ

開花（9月）

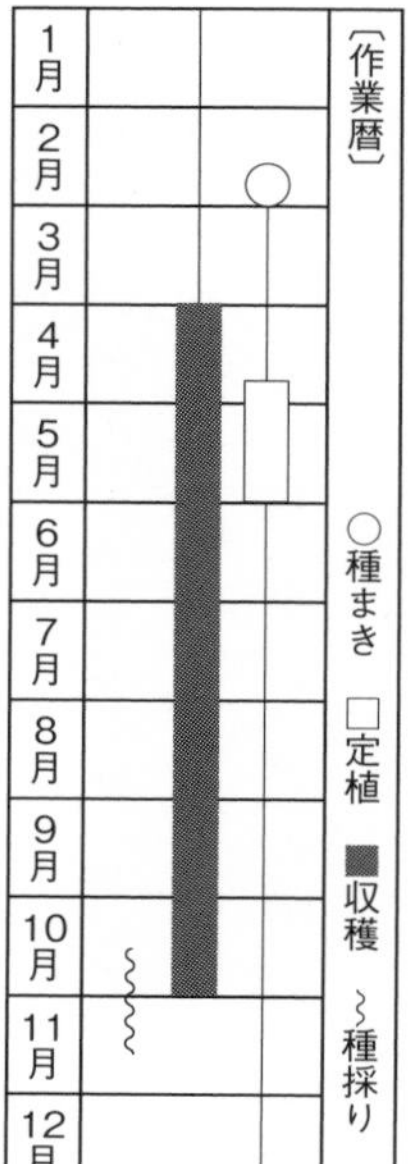

育て方のポイント

畑の準備　畝の高さ5～10cm程度、畝幅40～50cmほどで畝をつくっておきます。

種まき・育苗　条間15cmでまき溝をつけ、1～2cm間隔で条まきします。ニラは嫌光性種子なので、1cmほど覆土し、土としっかり密着させておきます。発芽まで乾燥しないように、不織布をべたがけするか、枯れ草や籾殻などでグランドカバーをしておきます。発芽までは乾燥させないようにします。

定植　草丈20cmくらいになったら、株間30cmで1か所に5～8株ずつ定植します。ニラは多年草で3～5年は同じ場所で育つので、場所をよく考えてから植えましょう。植えつけ1年目は、収穫せずに株を大きく育てます。

栽培管理　冬になり葉が枯れてきたら、地上部の茎葉を刈り取っておきます。春先に、葉の生育や品質を整えるため、伸びていた葉を刈り取り、この後に伸びてくる葉を収穫します。

収穫　草丈が20～25cmくらいになったら、地上部2～3cmを残して収穫します。その後も秋までに3～4回収穫することができます。ニラは年数を重ねるごとに分げつ（根に近い茎の節から枝分かれすること）して茎数が多くなるので、3～5年を目安に株分けを行います。

種採りのヒント

採種用には、生育の良い株を選んでおきます。開花後、受粉して結実すると黒い種ができます。摘み取り、風通しの良いところで乾燥させ、種を取り出し、不良種子やごみなどを除去して陰干しをし、紙袋などに入れて冷蔵庫などで保管します。

〈葉茎菜類〉

アスパラガス

キジカクシ科

素顔と系統・品種

原産地はヨーロッパ地中海沿岸で、日本へは江戸時代にオランダ船によって渡来し、観賞用として栽培されました。食用として導入されたのは明治時代からだそうです。品種はメリーワシントンです。

育て方のポイント

畑の準備　畝の高さは5～15cm、畝幅は50～60cmほどで畝をつくっておきます。

種まき・育苗　種まきからでも栽培できますが、市販の苗を購入して栽培を始めることもできます。アスパラガスは種から育てると収穫までに3年ほどかかるので、すぐに食べたい方は苗を購入して育てるとよいでしょう。4～5月、128穴のプラグト

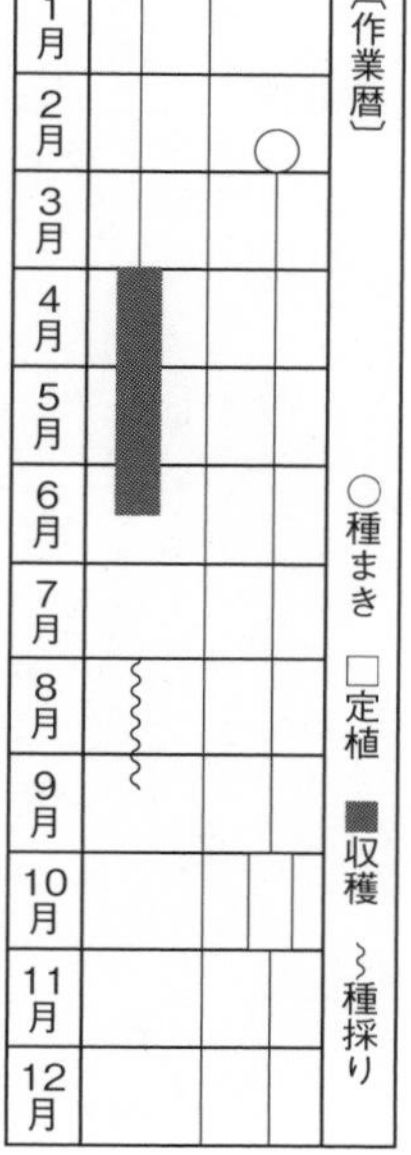

レーに種をまき、葉が7~10cmほどに育ったら12cmポットに鉢上げし、このまま春まで1年間育てます。夏場は乾燥したら水をやり、冬に葉が枯れたら地上部を切り取ります。ポットに移植せずに畑に定植してもよいですが、夏場の雑草に負けないようこまめな草取りが必要です。

収穫期のアスパラガス

下向きに開花

定植　2年目の春に、株間40~50cmで定植します。株まわりには、敷きわらなどでグランドカバーをします。アスパラガスは一度定植すると10年ほど毎年収穫が可能なので、育てる場所を選びます。

誘引　2年目も収穫せずに葉と根をしっかりと育てます。草丈60cm以上になったら、倒伏しないように支柱を立ててひもで囲います。秋に地上部が枯れてきたら、株元から刈り取ります。

収穫　3年目の春、伸びてきた芽が高さ20~25cmくらいになったら、刈り取って収穫します。細い芽が出始めたら収穫をやめ、残った芽を生長させるようにすることを繰り返します。

種採りのヒント

9月に入ると雌株の果皮が濃い朱色となり、中の種が黒ずんできたら採取時期です。種を取り出し、水洗いした後、ボウルなどに入れ、じゅうぶん乾燥させます。さらに紙袋などに入れ、冷蔵庫などで保管します。

〈葉茎菜類〉

パセリ

セリ科

素顔と系統・品種

南イタリアおよびアルジェリアが原産といわれ、本格的に日本で栽培が始められたのは明治初年以降であるとされています。

収穫期のパセリ

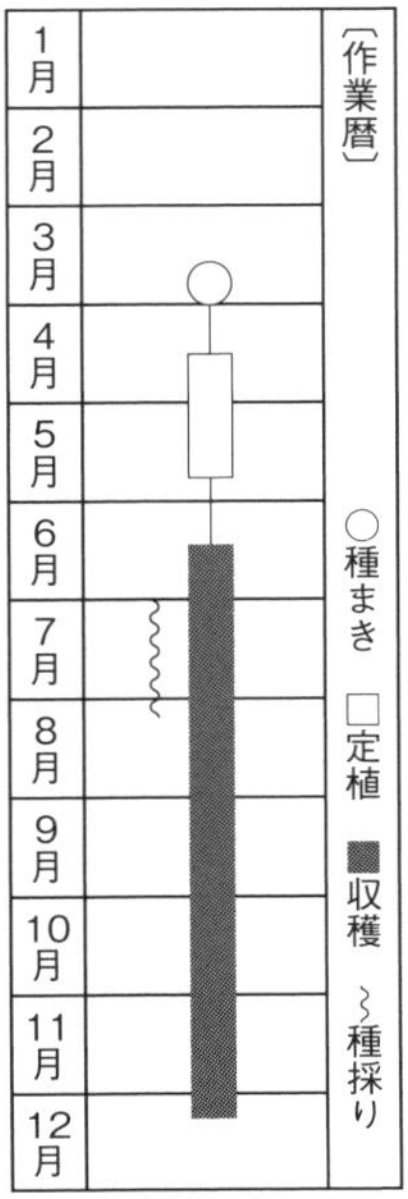

古代ローマ時代から料理に用いられており、世界で最も使われているハーブの一つです。地質や気候への適応性に優れ、栽培が容易なため世界各地で栽培されていますが、乾燥には弱いです。品種はカーリー・パラマウントです。

育て方のポイント

畑の準備　畝の高さは10㎝程度、畝幅は60～80㎝の畝をつくり、黒マルチを当てておきます。

種まき・育苗　128穴のプラグトレーに種をまき、本葉が出てきたら6㎝ポットに移植します。最初からポットに種をまくのもよいでしょう。

定植　本葉が5～6枚くらいになったら株間30～40㎝で定植します。

収穫　葉が大きく育ってきたら外葉を収穫しま

す。このとき収穫し過ぎて、株が衰えないように気をつけましょう。常に8～10枚ほど葉を残しておくとよいです。

種採りのヒント

ニンジンの花に似た傘状の花を咲かせますが、黄褐色になったら摘み取り、ボウルやネットなどに入れ乾燥させます。ポリ袋に入れ、手でもんで種を取り出し、ふるいにかけて細かいごみを除去。陰干しをした後、紙袋などに入れて冷蔵庫で保管します。

傘花が咲く

保存用のパセリの種

〈葉茎菜類〉
フェンネル（ウイキョウ）
セリ科

素顔と系統・品種

フェンネルは人類史において、数千年ほど前の最も古い時代から栽培されているハーブの一つです。『和名類聚抄』（931～938年）に出てくる「久《く》礼《れ》乃《の》於《お》毛《も》」がウイキョウの古名とされ、江戸時代には薬用としてかなり広く栽培されていたようです。

育て方のポイント

畑の準備　畝の高さは5～10cm、畝幅は50～60cmほどで畝をつくっておきます。

種まき・育苗　6cmポットに4～5粒ずつ種まきし、覆土は種が隠れる程度にし、発芽するまで土の表面が乾燥しないようにします。

定植　本葉が3～4枚くらいになったら株間40～

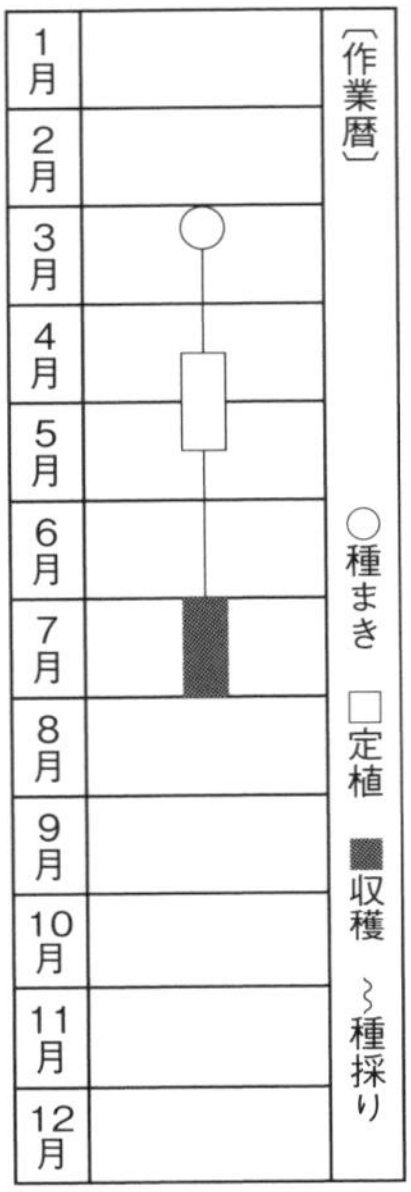

60cmで定植し、畝の表面が隠れる程度に枯れ草、籾殻、燻炭（低温の不完全燃焼でつくった炭）などでグランドカバーをします。

病害虫対策　セリ科の葉が大好きなキアゲハの幼虫がつきやすく、ほうっておくと葉を食べ尽くしてしまうので、見つけしだい駆除しましょう。

収穫　フェンネルの葉は必要に応じてそのつど収穫できます。適宜、枝先を摘み取って収穫しましょう。フェンネルは株元に、茎が白く肥大化した球茎ができます。特にこの球茎を収穫の主とする品種は、球茎が大きくなったら、そのすぐ下で根を切って、株ごと収穫します。多年草で寒さにも強いので、株を収穫せずに置いておけば毎年ずっと育ちます。種はスパイスのフェンネルシードとして使うことができ、花もハーブとして食べられます。

〈葉茎菜類〉

ニンニク

ヒガンバナ科

素顔と系統・品種

原産地は中央アジアと推定されるが、すでに紀元前3200年頃には古代エジプトなどで栽培・利用されていたようです。冷涼な気候に適したニンニクは、中国が世界のニンニク生産量の8割を占めており、日本国内の流通においては、国産ニンニクの8割を青森県産が占めています。また、ジャンボニンニクや無臭ニンニクと呼ばれるものはニンニクとは別種であり、ネギ（ポロネギ）の一変種です。品種はホワイト六片です。

育て方のポイント

畑の準備　畝の高さは10～20cm、畝幅は60～80cmの畝をつくり、黒マルチを当てておきます。

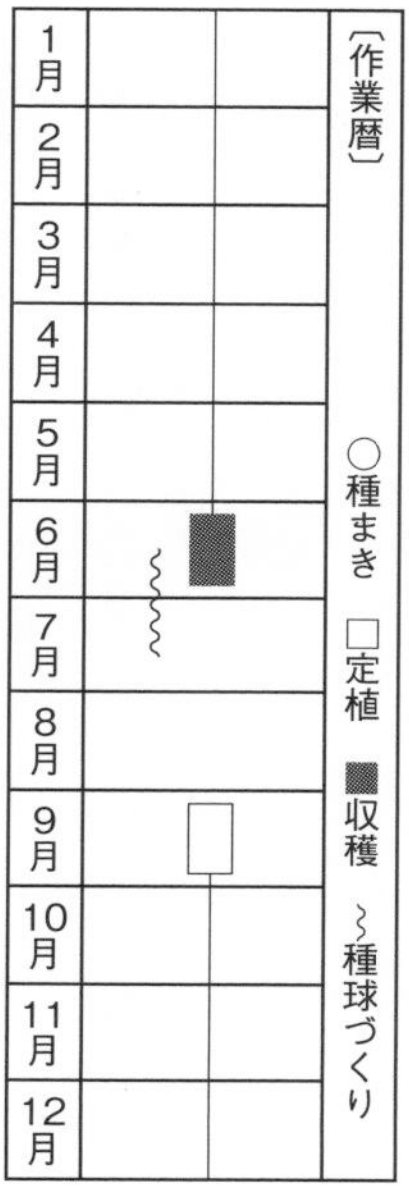

定植　9~10月、15cm間隔で、一片（鱗片）ずつ種球の倍くらいの深さに定植します。

栽培管理　草丈が10~15cmの頃、一株から2本の芽が出ていたら、元気の良い芽を残し1本にします。

収穫　4~5月、とう立ちして花芽が伸びてきたら収穫し、ニンニクの芽として食べられます。葉が半分ほど枯れたら収穫します。抜き取り後、すぐに根を切り離し、そのまま畑で2~3日乾燥させます。

種球づくりのヒント

収穫後の茎を10~30cm残し、風通しの良い雨の当たらない場所につるし、じゅうぶん乾燥させます。4~5本を束にし、軒下などにつるし、陰干し状態で種球として保存します。

定植後のニンニク

収穫期を迎える

ニンニクの収穫

〈葉茎菜類〉
シソ（青ジソ）
シソ科

素顔と系統・品種

シソはヒマラヤから中国にかけての暖温帯が原産地で、中国では古くから栽培されていました。日本に渡ってきたのも非常に早く、縄文時代の遺跡からも種が見つかっています。

かつては野菜ではなく薬草や防腐・殺菌作用のある植物として用いられ、日本人の暮らしに根づいてきた作物です。品種は青縮緬シソなどです。

育て方のポイント

畑の準備　幅90cm、高さ5～10cmの畝を立てておきます。大変強い作物で、栽培する場所を選びませんが、乾燥し過ぎると葉が硬くなるので、畑の中でもできるだけ低い場所を選ぶとよいでしょう。

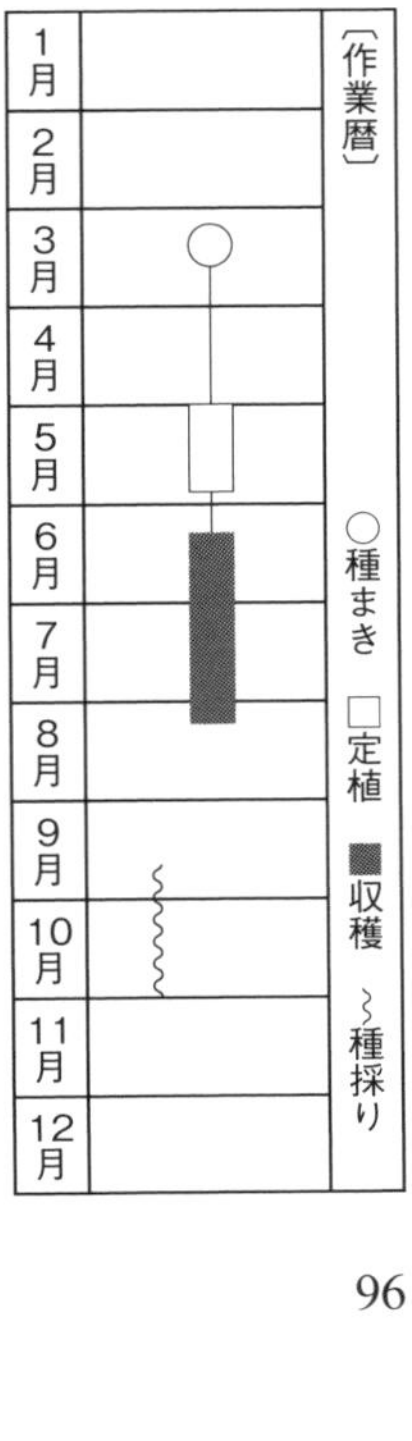

種まき・育苗　シソの種は光に反応して発芽するため、深くまくと発芽しないので、発芽させるのが難しい作物です。そこで、箱に土を入れてばらまきし、種が隠れる程度に薄く土をかけて水をやり、半日陰の場所に置いておきます。

鉢上げ　本葉が出たら、口径6cmのポットに鉢上げします。

定植　本葉が3～4枚になったら、本圃の畝に株間50cm、2条のジグザグに向きを変えるちどり足状に定植します。

収穫　茎が30～40cm程度に伸びたら、主軸を収穫します。そうすることで腋芽が伸び、伸びた脇芽をそのつど収穫します。

種採りのヒント

母本選び　虫害がないものを選びます。花をつけた穂が下から枯れてきますが、穂先の種が未熟でも、半分以上枯れていれば収穫時です。収穫が遅れると、種が落ちてしまいます。

種採りの方法　刈り取った穂を風通しの良いところで乾燥・追熟させます。乾燥したものからもみほぐし、種を取り出します。風を使って種とごみをより分け、種は袋や乾燥剤入りの容器に入れ、冷蔵庫で保存します。

（まとめ協力・三好かやの）

収穫期の青ジソ

シソの穂（結実）

〈葉茎菜類〉
バジル
シソ科

素顔と系統・品種

熱帯アジア原産で、日本への渡来は江戸時代といわれています。イタリアンの定番ハーブで、トマトやチーズとの相性が良く、プランターでも簡単に育てられ、家庭菜園でも人気のハーブです。品種はスイートバジルです。

育て方のポイント

畑の準備　畝の高さは5～15㎝、畝幅は80～90㎝で、黒マルチをかけておきます。マルチを使用せずに枯れ草や稲わらでグランドカバーをしてもよいでしょう。

種まき・育苗　128穴のプラグトレーに種をまき、本葉が出てきたら7・5㎝ポットに移植します。

開花（9月）

バジルの葉

収穫期のバジル畑

穂の状態

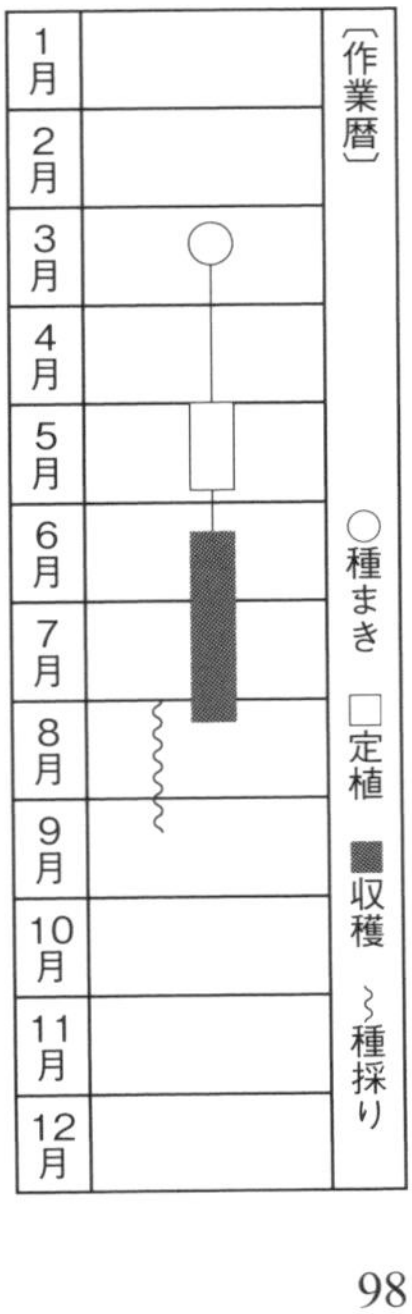

5月以降であれば直まきでもよいでしょう。

定植　本葉が5～6枚くらいになったら、株間40～50㎝で定植します。

摘芯　草丈20～30㎝くらいになったら、摘芯して側枝を出させます。

収穫　葉が大きく育ってきたら収穫します。また、蕾が見え始めたら摘んで、葉の品質が落ちるのを防ぎます。

種採りのヒント

秋口に白い花をつけますが、穂が褐色に枯れてきたら摘み取り、じゅうぶん乾燥させます。穂ごとポリ袋などに入れ、念入りにもんで下にたまった種を取り出し、ふるいにかけて細かいごみを除去。陰干しをした後、紙袋などに入れて冷蔵庫で保管します。

〈葉茎菜類〉エゴマ

シソ科

素顔と系統・品種

エゴマはアジア原産で、日本でも縄文時代から栽培されていました。江戸時代にナタネが広まるまでは搾油作物として重視されていたのです。

結実したエゴマの穂

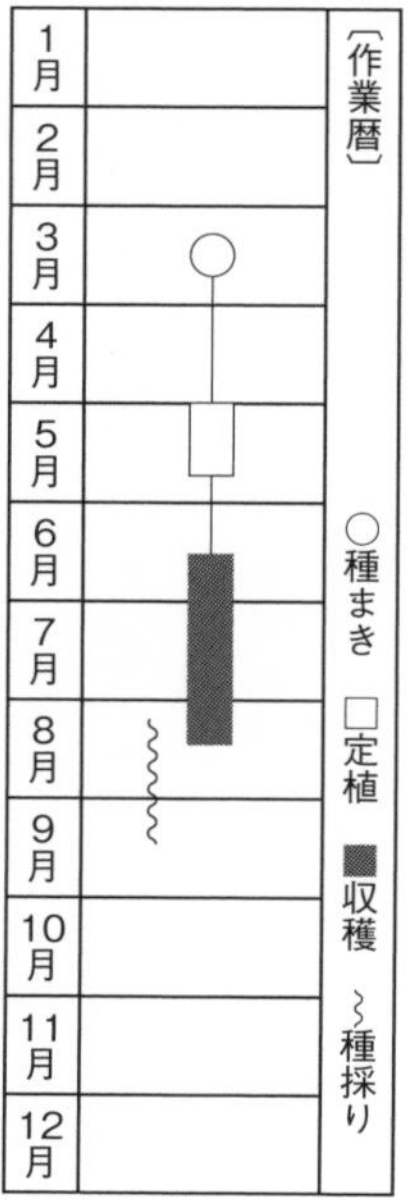

葉は同じシソ科のシソに比べると、日本ではあまり食されていませんでしたが、韓国ではよく食べられていて、近年の韓国食ブームも手伝って見直されてきています。さらに油はα-リノレン酸も豊富で、健康食品としても注目が集まっています。

シソの代わりに薬味として使えるほか、韓国風に焼肉を包んだり、チヂミに加えたり、醤油・トウガラシと一緒に漬け込んで、キムチ風に味わうこともできます。

湿気を好む植物で、やせ地でもよく育ち、無肥料なら虫もつかないので、自然栽培に適した作物です。品種は白エゴマ、黒エゴマなどです。

育て方のポイント

畑の準備　エゴマは土壌条件を選ばず、やせ地や開墾したばかりの土地でも栽培でき、連作も可能ですが、過湿を嫌います。栽培するときは、畑に黒色マルチか透明マルチをかけておきます。

種まき・育苗　直まきにします。60cm間隔で1か所に3粒、土がかかる程度に浅くまきます。鳥よけのために、本葉が出るまで寒冷紗をべたがけしておきます。

最終的に一株になるように間引きます。それ以外はなにもしなくて大丈夫です。

収穫　高さが60cmくらいになったら、やわらかそうな葉から摘み取り、収穫します。

収穫期のエゴマ畑

種（黒エゴマ）

種採りのヒント

母本選び　生長の良いものを、母本に選びます。一度栽培して種が落ちるに任せておけば、次の年もそのままこぼれ種で発芽するので、種採りや種まきをしなくても、栽培を継続できます。たくさん発芽すれば、移植して栽培します。

移植の方法　シソと交雑するので、移植（隔離）します。

移植後の管理　エゴマの種はスズメなど野鳥の大好物なので、防鳥ネットをかけておきます。

種採り　種の色が変わってきたら穂ごと刈り取り、ブルーシートの上などに置き、日陰で追熟させます。じゅうぶん種が熟したら、自然に落ちてきます。採った種は、かき混ぜながら半日天日で干し、さらに1週間陰干しをし、乾燥剤入りの容器に入れて保存します。

（まとめ協力・三好かやの）

〈葉茎菜類〉モロヘイヤ

アオイ科

収穫期のモロヘイヤ

素顔と系統・品種

モロヘイヤは中近東、アフリカ北部原産で、エジプトなどで古くから栽培されている一年草です。日本では夏の時期に収穫できる数少ない葉菜類で、細かく刻むと粘りが出るのが特徴です。

高温を好むので、気温が上昇する5～6月に種をまき、夏の間収穫します。品種はモロヘイヤです。

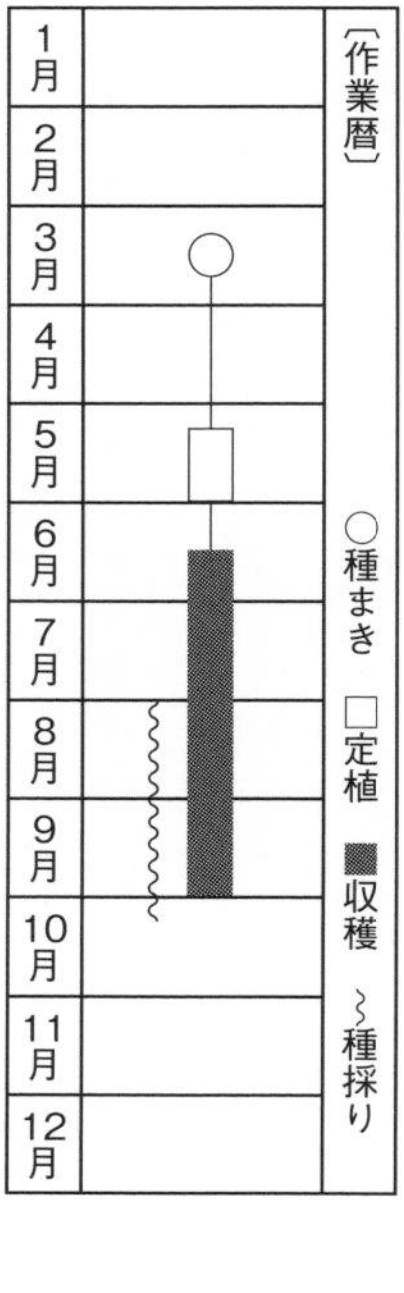

育て方のポイント

畑の準備　幅80～90㎝、高さ5～10㎝の畝を立てておきます。

種まき・育苗　直まきでも育苗でも栽培できます。育苗する場合は、5月にポットに種をまくと、5～10日で発芽します。

定植　草丈10～15㎝になったら定植します。条間50～60㎝、株間40～50㎝が基本です。

収穫　草丈が70㎝ほどになったら、葉を数枚つけて先端を摘み取り、収穫します。これが摘芯となり、次々と側枝が伸びていきます。側枝の先端の新芽と葉を摘んで利用します。

種採りのヒント

母本選び　病虫害のない健康な株を選びます。秋になると黄色い花が咲き、莢が膨らみ、中に種ができます。葉が落ちて株全体が茶褐色になり、莢も乾いたら種採りの時期です。

種採り　株ごと刈り取り、乾燥させ、種を取り出します。さらに乾燥させ、保管します。

（まとめ協力・三好かやの）

生育期の状態

モロヘイヤの開花（9月）

〈葉茎菜類〉

ミョウガ

ショウガ科

素顔と栽培特性

東アジア（温帯）が原産の多年草で、夏に根茎から卵形の蕾（花穂）が出て、この蕾をミョウガの子、または花ミョウガといって食用にします。香気に富み、香辛料として料理のつまみ、薬味のほか、浸しもの、酢のもの、汁の具などに生かします。

初心者でも簡単に栽培できます。一度、植えつければ、毎年4～5月に芽が出て収穫できます。本格的な収穫は2年目からです。中生（夏ミョウガ）のものは8月に、晩生（秋ミョウガ）のものは9月に収穫できます。品種は在来種です。

育て方のポイント

畑の準備　水を好み、直射日光を嫌う野菜なので、

蕾が出て花が開き始める

中生の夏ミョウガ

ミョウガ畑

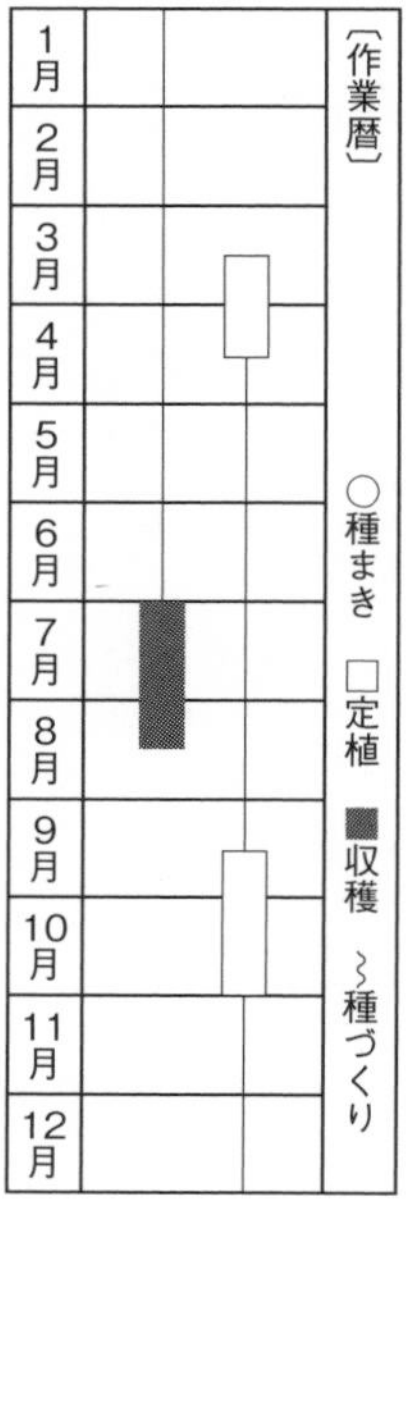

日陰か半日陰の場所で湿った場所が適しています。畝は立てません。

定植　3月中旬～4月中旬、もしくは9月～10月、株間15～20cm、深さ10cmほどで充実した芽のついた種株（根株）を定植します。たっぷりと水をあげ、乾燥しないように葦や落ち葉、稲わら、枯れ草を敷いておきます。

収穫　株元から蕾が出てきたら収穫します。なお、収穫が遅れると花が開き、品質が落ちてしまいます。地上部に蕾が出始めたら早めに見つけ、中が締まっているうちに収穫します。もっとも上から見ただけではわかりにくいので、視線を低くして探すようにします。

〈根菜類〉ダイコン

アブラナ科

素顔と系統・品種

地中海、または中央アジアの地域が原産とされ、日本には弥生時代には伝わっており、奈良時代の歴史書『日本書紀』にも記されています。色が白くクビが青い青首大根が、日本で最も多く栽培されている品種です。

日本各地には在来種が数多く（２００種類以上）あり、赤や赤紫の種や、その土地ならではのダイコンを使った漬けものなど名産品がたくさんありました。ところが、固定種は生育が遅く、硬くて辛い、す（根菜類などにできる縦に透いた筋）が入りやすいなどF_1種（一代雑種）に比べ栽培が難しいことから、近年は固定種がほとんど栽培されなくなってしまいました。品種は沖縄島大根、宮重《みやしげ》総太《そうぶとり》大根、紅芯《こうしん》大根、大蔵《おおくら》、練馬、守口などです。

宮重総太大根

収穫期のダイコン畑

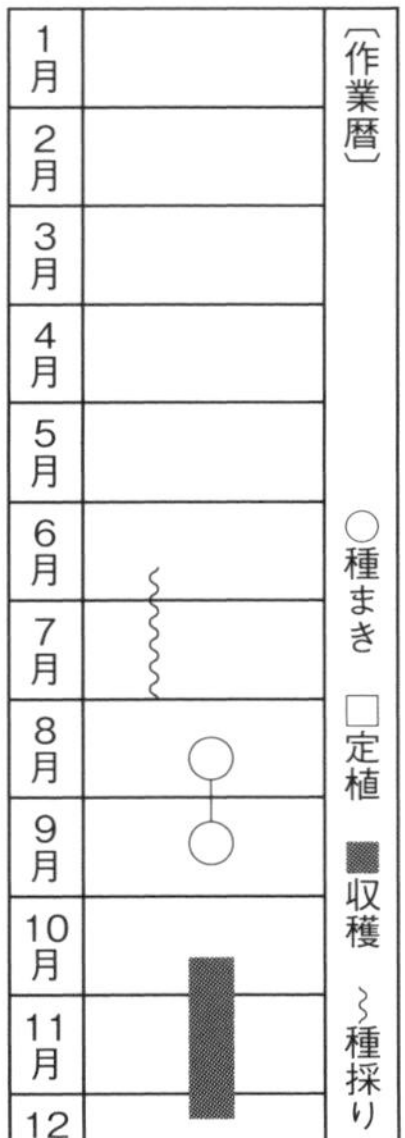

育て方のポイント

畑の準備　畝の高さは10～20㎝、畝幅は80～１００㎝ほどで畝をつくっておきます。あまり畝を

図2-7　ダイコンづくりのポイント

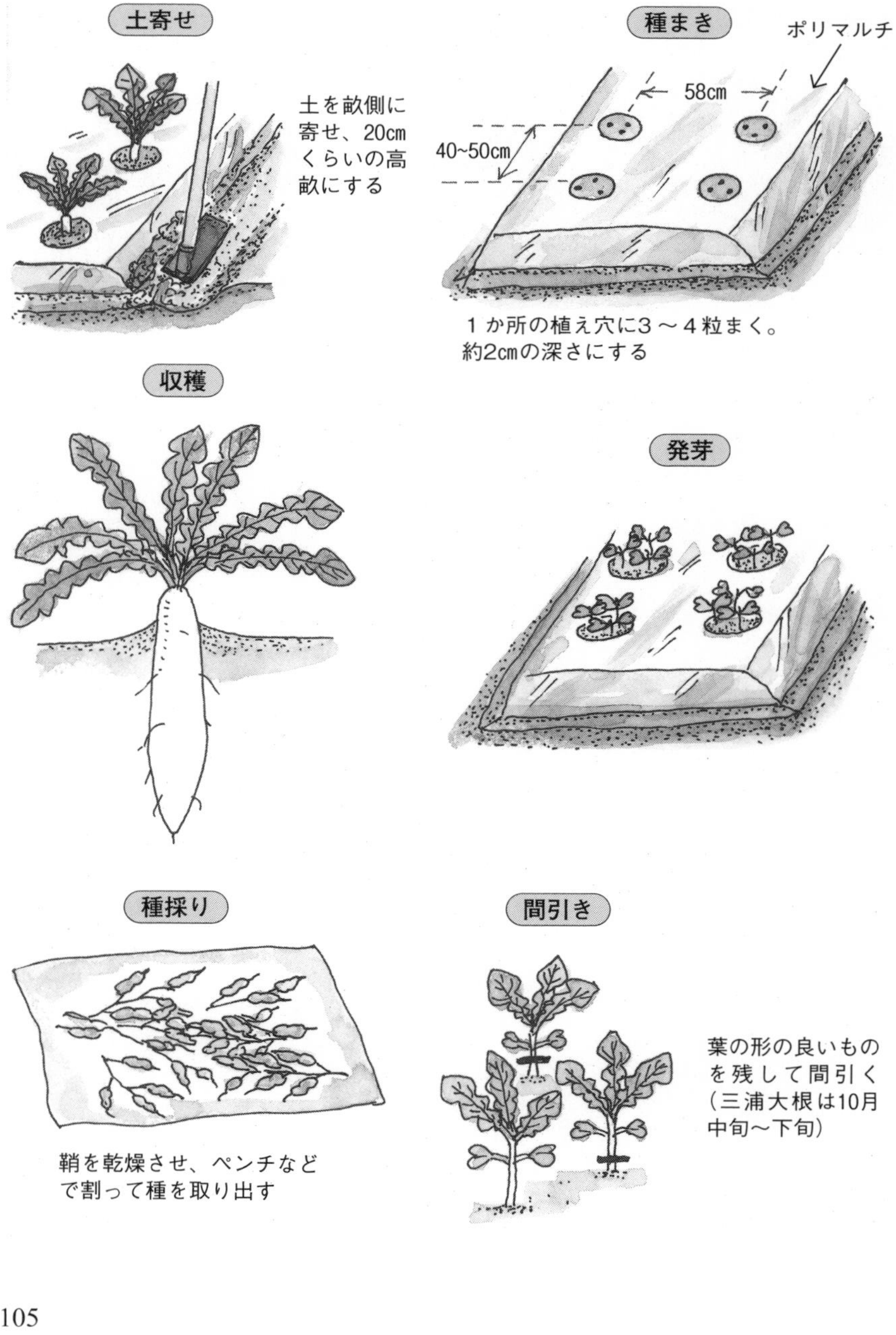
土寄せ
土を畝側に寄せ、20cmくらいの高畝にする
種まき
ポリマルチ
58cm
40~50cm
１か所の植え穴に３～４粒まく。約2cmの深さにする
収穫
発芽
種採り
鞘を乾燥させ、ペンチなどで割って種を取り出す
間引き
葉の形の良いものを残して間引く（三浦大根は10月中旬～下旬）

高くして乾燥させると、辛くなってしまうので気をつけます。黒マルチを使用するのもよいでしょう。

種まき・育苗　条間40〜50㎝で3〜4粒点まきします。ダイコンは嫌光性種子なので2㎝くらいの深植えにします。8月下旬から9月中旬までが種のまきどきですが、気温が高いと害虫の被害にもあいやすいので、気温が高いときはあまり早まきしないように注意しましょう。

病害虫対策　ダイコンサルハムシやカブラハバチの被害があります。ダイコンは生育が早いので、初期の小さい頃に対策をたてます。種をまいた後すぐに不織布をべたがけしておくとよいです。

間引き　本葉5〜6枚になったら、葉の形の良いものを1本残して残りは間引きます。

収穫　11月中旬くらいから大きくなったものから順に収穫します。

乾燥させた鞘

保存用の種

種採りのヒント

母本選び　株を抜き取り、根部の形状や色つや、大きさなどで優れたものを選んで母本とします。

移植の方法　採種用の畑に条間、株間ともに40〜50㎝間隔で根部が斜めになるように植えつけます。また、葉の先端部を3分の1ほど切り落とします。

種採り　受粉後、2か月くらいたつと株全体が淡褐色になるので刈り取ります。鞘《さや》を切り取って網袋に入れ、雨が当たらず風通しの良いところで乾燥させます。硬い鞘をビール瓶でたたいたり、ペンチで割ったりして中から種を取り出します。不良種子やごみを除去し、陰干しした後で紙袋などに入れ、冷蔵庫などで保管します。

〈根菜類〉カブ

アブラナ科

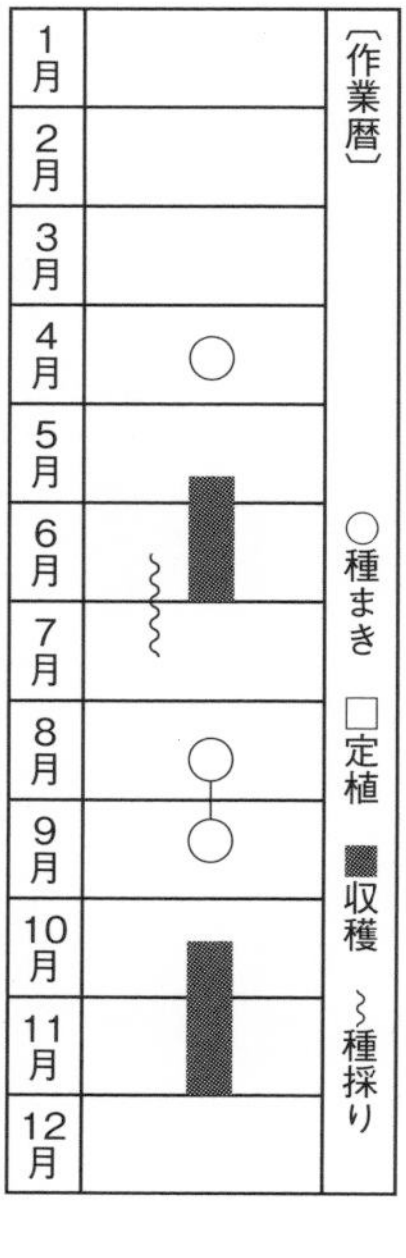

素顔と系統・品種

カブは世界じゅうで栽培されていますが、分類上はアフガニスタン原産のアジア系と、中近東から地中海沿岸原産のヨーロッパ系との2変種に分かれます。地中海沿岸地域からヨーロッパ、中国へと世界各地へ伝わり、日本でも栽培の歴史は古く、奈良時代に朝廷の奨励でカブが栽培されたという記録が残されています。

カブは涼しい気候を好み、一般に小カブであれば、真夏を避けて1年で春まきと秋まきの2回栽培することができ、種まきから収穫までの栽培日数が45～50日程度と比較的短い期間で行うことができます。生長に合わせて間引きしながら、根を太らせて育てていきます。品種はみやま小かぶ、聖護院かぶ、日《ひ》野《の》菜《な》かぶ、飛鳥あかねかぶ、万木《ゆるぎ》赤かぶです。

収穫期のカブ

出荷用（みやま小かぶ）

育て方のポイント

畑の準備　畝の高さは5～10cm、畝幅は80～100cmほどで畝をつくっておきます。

種まき・育苗　条間20㎝で条まきし、不織布をべたがけしておきます。発芽までは水を切らさないようにします。

病害虫対策　カブに必ずといってよいほどやってくるのがカブラハバチです。発芽したばかりの子葉の内部に卵を産みつけていくので、初期の防虫対策をしっかりすることが大事です。種をまいた後すぐに、不織布をべたがけしておくとよいです。

間引き　込み合ってきたら順次間引いていき、最終的にカブの大きさに合わせて12～20㎝間隔に間引きます。

収穫　背丈10㎝くらいになったらべたがけを外し、間引きしながら順次収穫を行います。べたがけの後は、トンネルにするとよいです。

トンネル栽培

種を保存

種採りのヒント

母本選び　株を抜き取り、形質の優れているものを選んで母本とします。

移植の方法　採取用の畑に条間、株間40～50㎝間隔で植えつけます。根部中央の長い根、および葉の先端部を3分の1ほど切り落とします。

種採り　株全体が淡褐色になったら、株元から刈り取ります。防虫網に包んで雨が当たらず風通しの良い場所で、2週間ほど乾燥させます。手でもんだり棒でたたいたりして、鞘から種を取り出します。不良種子やごみを除去した後、陰干しをして紙袋などに入れ、冷蔵庫などで保管します。

〈根菜類〉
ラディッシュ
アブラナ科

素顔と系統・品種

ラディッシュの原産はヨーロッパで、日本には明治時代に伝播したそうです。ダイコンの中でも最も小型で、収穫までの期間が短く、それほど環境を選ばないために初心者でも簡単に栽培できます。品種は赤丸二十日大根、赤長二十日大根です。

育て方のポイント

畑の準備　畝の高さは5~15cm、畝幅は60~80cmほどで畝をつくっておきます。あまり畝を高くして乾燥すると辛くなるので気をつけましょう。

種まき・育苗　条間10~15cmで条まきします。ダイコンは嫌光性種子なので2cmくらいの深植えにします。

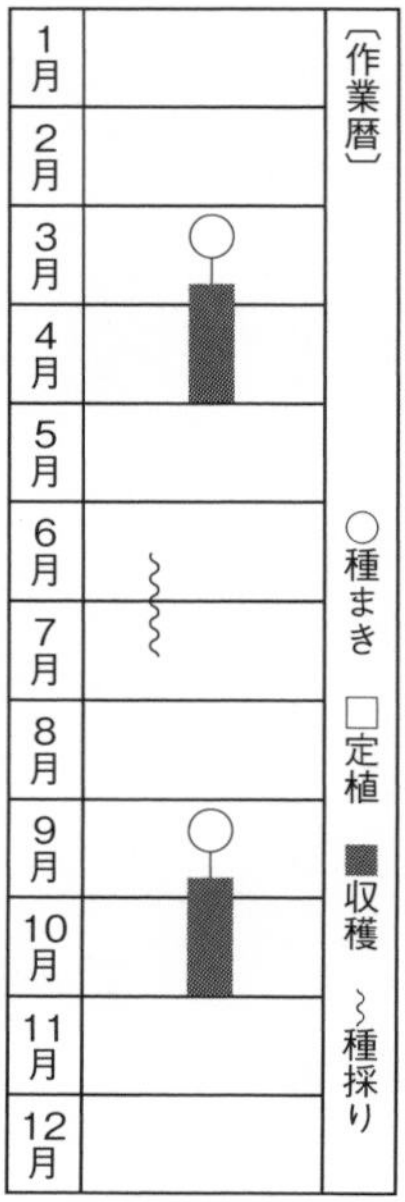

間引き　適宜に間引き、株間を4~5cmくらいにします。

収穫　大きくなったものから順に収穫していきます。採り遅れるとすぐにすが入り中がすかすかになってしまうので、採り遅れないように気をつけましょう。

種採りのヒント

母本選び　根部の形質が優れ、葉の形がそろっているものを選んで収穫しないで残しておきます。

種採り　株全体が淡褐色になったら抜き取り、雨が当たらず風通しの良い場所で乾燥させます。鞘から種を取り出してごみなどを除去し、陰干しをした後、紙袋などに入れて冷蔵庫などで保管します。

〈根菜類〉
ジャガイモ
ナス科

素顔と系統・品種

南アメリカのアンデス山脈原産のジャガイモは冷涼な気候を好み、酸性の土地や硬くやせた土地にも強いです。その反面、病害を受けやすく、連作障害も発生しやすいので、水はけと3年以上の連作には気をつけましょう。品種はキタアカリ、男爵、ノーザンルビー、シャドークイーンです。

春植えのキタアカリ

開花

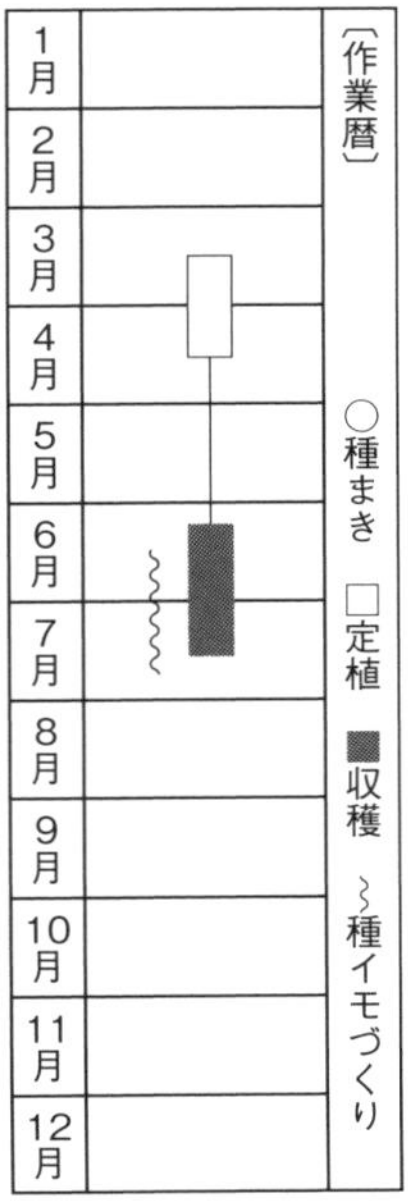

育て方のポイント

畑の準備　畝の高さは20～30㎝、畝幅は50～60㎝の丸いかまぼこ型の畝をつくっておきます。黒マルチを使用するのもよいでしょう。

定植　種イモを尻部から頂部にかけてカットし、1日天日に当てて切り口をしっかり乾燥させておきます。種イモの切り口を上にして、株間30～40㎝、深さ4～5㎝くらいの浅植えにします。Sサイズのイモは切らずに頂部を下にして植えつけます。

切り口を上にして植えることにより、イモは下につくので土寄せの必要はなく、乾燥ぎみになるので

図2-8　ジャガイモづくりのポイント

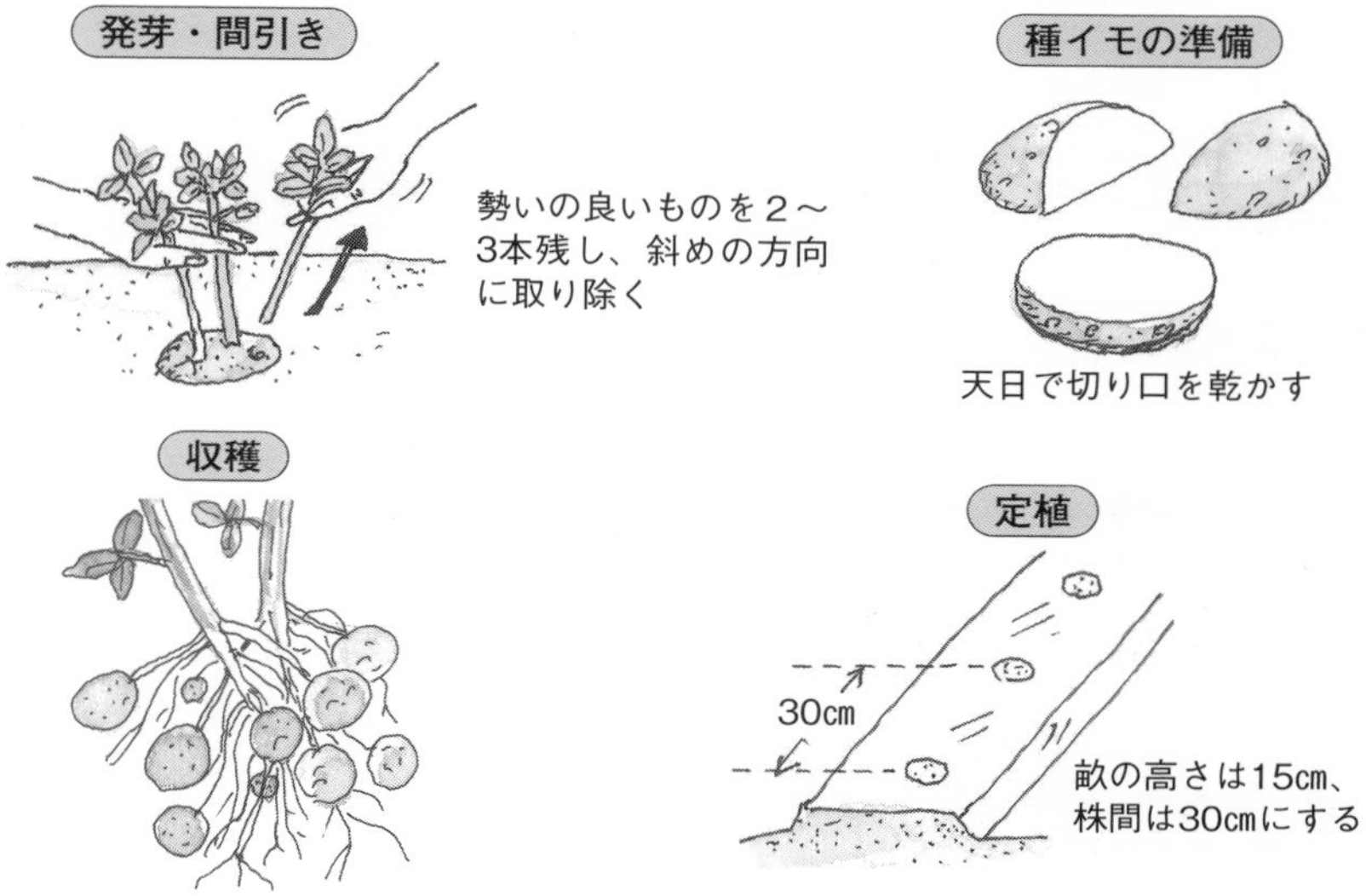
発芽・間引き
勢いの良いものを2～3本残し、斜めの方向に取り除く
種イモの準備
天日で切り口を乾かす
収穫
定植
30㎝
畝の高さは15㎝、株間は30㎝にする

病気を防ぐこともできます。

間引き　芽が15㎝くらいに育ったら、茎の太い元気な株を2～3本残して残りは間引きます。

収穫　葉が黄色くなってきたら収穫します。

■種イモづくりのヒント

掘り上げたイモの中から傷みのないものなどを種イモとして選びます。軽く泥を取り除き、薄く並べて2～3日陰干しをした後、段ボールや発泡スチロールなどの箱に入れ、冷暗所などで保管します。

収穫前のジャガイモ畑

種イモ

〈根菜類〉
サツマイモ
ヒルガオ科

素顔と系統・品種

東アジア原産のサツマイモは繁殖能力が高く、窒素固定細菌などとの共生により窒素固定が行えるため、やせた土地でもよく育ちます。初心者でも比較的育てやすく、江戸時代以降は飢饉対策（救荒食物）として広く栽培されていました。

サツマイモの収穫

逆に窒素が多いと、葉や茎が育ち過ぎ、過剰生長して根の品質（外見・味）が下がり、極端な例では光合成でつくられた栄養が茎や葉の生長に浪費されるため、イモの収穫量が減ってしまいます。品種は紅東、紅はるか、パープルスイートロード、鳴門金時などです。

育て方のポイント

畑の準備　畝の高さは20～30㎝、畝幅は50～60㎝の丸いかまぼこ型の畝をつくり、黒マルチを当てておきます。

定植　気温が高くなる5月中旬以降で雨が続くときの前日に、斜めに定植します。定植の際、苗と土をしっかりと密着させ、根のほうを少しくぼませ水が当たるようにします。サツマイモは乾燥を好みますが、苗を植えつけたばかりの頃はまだ根も張っていないため、最初は水分が必要です。

栽培管理　定植後は蔓が1mくらいに伸びたら、蔓から伸びた根が新たに表土につかないように蔓返しをします。その際に蔓の生長点を止めるとよりイモが大きく育ちます。マルチを利用した場合はなにもせず放任でも育ちます。

収穫　10～11月に試し掘りをし、イモが大きく育っていれば収穫します。

種イモづくりのヒント

掘り上げたサツマイモの中から色や形状、大きさが良いもの、病気などに冒されていないものを種イモとして選びます。これをただちに気温の下がりにくい部屋に置いたり、むしろなどをかぶせたりして10日間放置し、種イモの呼吸量が減少してきたら、発泡スチロールなどの箱に入れ、ふたをしないで湿度変化の少ない場所で保管します。

生育期のサツマイモ畑（マルチ使用）

放任で育てるサツマイモ畑

種イモ

〈根菜類〉
サトイモ
サトイモ科

素顔と系統・品種

インドや中国などの熱帯アジア原産のサトイモは、水田などの湿潤な土壌で日当たり良好かつ温暖なところが栽培に適し、栽培は比較的容易です。一般的に畑で育てますが、奄美諸島以南では水田のように水を張った湛水で育てているところもあり、水分を必要とする野菜です。品種は在来種です。

サトイモの生育

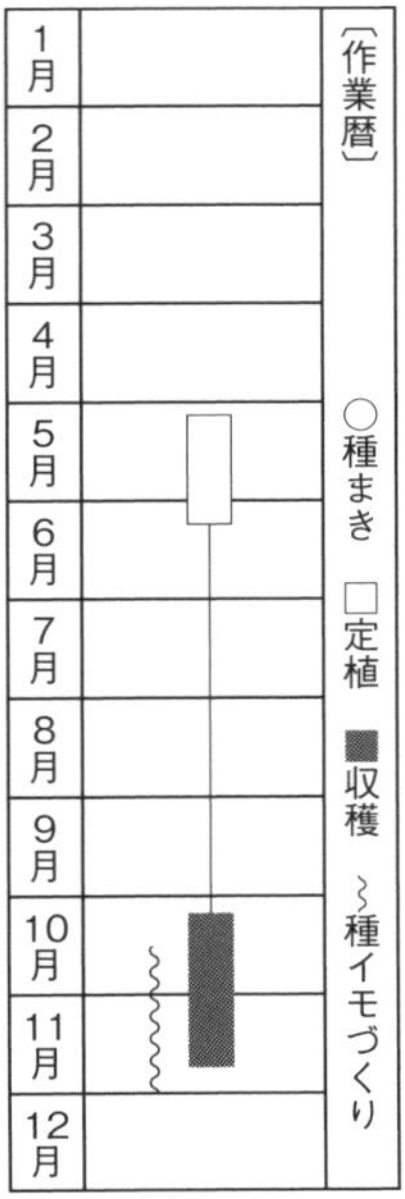

育て方のポイント

畑の準備　畝の高さは20㎝、畝幅は50〜60㎝で丸いかまぼこ型の畝をつくり、黒マルチを当てておきます。

定植　条間50〜60㎝で芽を下にし、深さ5〜6㎝くらいに定植します。

間引き　最初に出てきた元気な芽を1本だけ残し、残りは間引きます。

病害虫対策　6月にオオスズメガの幼虫が葉を食害するので、見つけしだい駆除しましょう。

収穫　10月中旬くらいから、大きくなったものから順に収穫します。

種イモづくりのヒント

掘り上げたサトイモの中から、傷みがなく形状が良い親イモを種イモとして選びます。霜が降り始める前に畑に穴を掘り、イモを入れて土を戻し、わらや籾殻などをかぶせて越冬させます。春先に地温が上昇したら掘り上げ、種イモとして利用します。家庭で保存する場合は、発泡スチロールなどの箱に入れ、いくぶん暖かい場所に保管するとよいでしょう。

サトイモの子イモ

種イモ用の親イモ

〈根菜類〉キクイモ

キク科

素顔と系統・品種

北アメリカ北部から北東部を原産地とするキクイモは、江戸時代末期に飼料用作物として日本へ伝来したといわれています。

キクイモの主成分は「天然のインシュリン」といわれる多糖類イヌリンを含む食物繊維であり、生のキクイモには13～20％のイヌリンが含まれ、美容や健康面から注目を集めつつある野菜です。栽培も容易なので、自然栽培でも誰でも簡単にできます。品種は在来種です。

育て方のポイント

畑の準備　春に土を耕して乾かしておけば、畝はなくても育ちます。よほど水はけが悪くないかぎり

〔作業暦〕

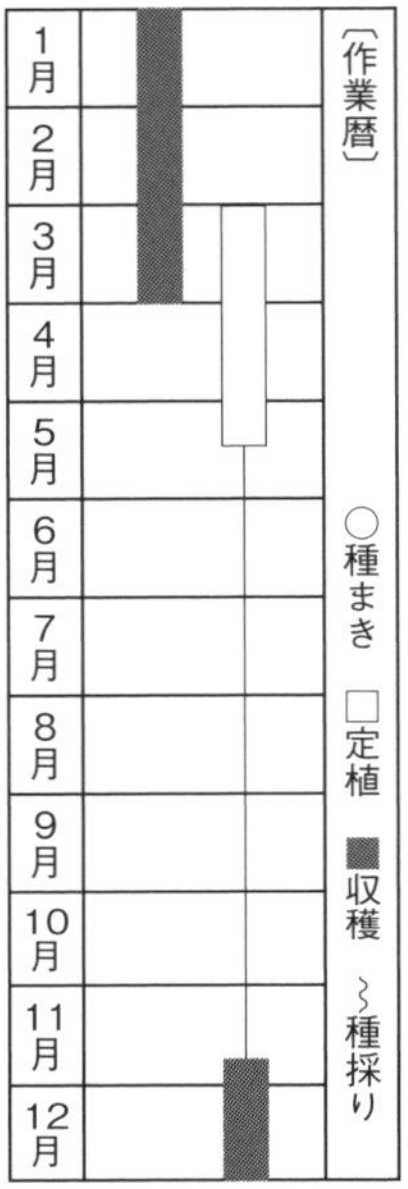

どんな環境でも育ちます。

定植　株間50〜80㎝、深さ5〜6㎝に定植します。

間引き　最初に出てきた元気な芽を1本だけ残し、残りは間引きます。

収穫　11月下旬以降、茎葉が枯れた頃に試し掘りをしながら収穫します。ショウガに似た塊茎《かいけい》を多数形成します。収穫時に塊茎を土の中に残しておくと、翌年また勝手に生育を始めますので、収穫の際は掘り残すことのないように注意しましょう。

生育期のキクイモ

〈根菜類〉ゴボウ

キク科

素顔と系統・品種

ゴボウを野菜として利用する生産者と消費者が最も多いのが、日本人だそうです。江戸時代以前から千葉県の成田山新勝寺に奉納され、参詣者に供されてきた大浦太牛蒡《おおらふとごぼう》は、食べると誰でも納得する、日本一おいしいゴボウといわれています。わたしもゴボウが好きなのですが、大浦太牛蒡は本当においしく、太鼓判を押せます。ただ、見た目がグロテスクで中が空洞になってしまうため、市場ではあまり見られません。品種は大浦太牛蒡です。

育て方のポイント

畑の準備　畝の高さは20〜30㎝、畝幅は50〜60㎝の畝をつくり、黒マルチを当てておきます。

種採り用の総苞

収穫したゴボウ

種（大浦太牛蒡）

開花（6月）

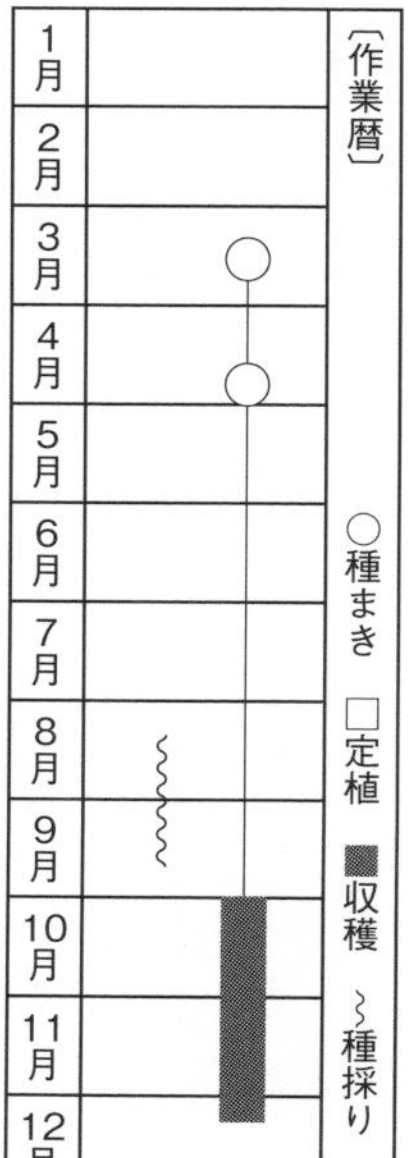

種まき　3～5月、条間40～50㎝で、3～4粒ずつ点まきします。ゴボウは好光性種子なので、覆土は薄めにしましょう。

間引き　本葉1～2枚の頃に生育の良い苗を2本残し、4～5枚の頃に1本立ちにします。

収穫　10月以降大きくなったものから順に収穫します。

種採りのヒント

総苞が茶色になり枯れてきたら、はさみで摘み取ります。ボウルなどに入れて室内で乾燥させた後、総苞を開いて、種を取り出します。ふるい（5㎜目）にかけ、不良種子やごみなどを除去。数日間陰干しをした後、紙袋などに入れ、冷蔵庫などで保管します。

〈根菜類〉ニンジン

セリ科

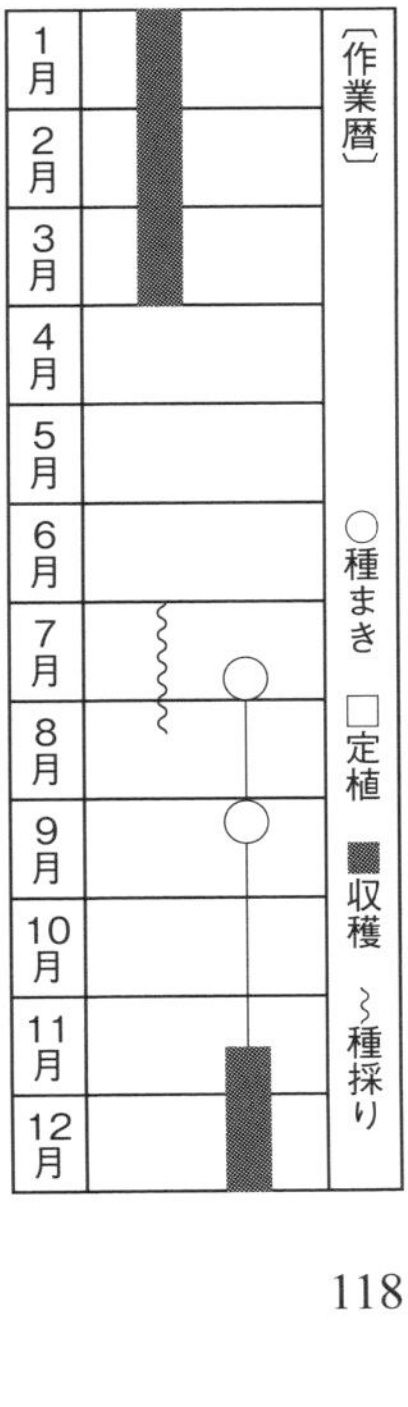

素顔と系統・品種

中央アジア原産のニンジンは、東洋系と西洋系に大きく分けられ、東洋系は細長く、西洋系は太く短いのが特徴です。ともに古くから薬や食用としての栽培が行われてきたようです。

黒田五寸人参は、日本で成立した洋種系カロテンニンジンの代表品種です。耐暑性が強く、多収で、肉づきが良くて、やわらかく食味・品質が良い品種です。ここでの品種は黒田五寸人参です。

ニンジン（黒田五寸人参）

育て方のポイント

畑の準備　畝の高さは10cm程度、あまり畝を高くし過ぎると土が乾燥してしまうので気をつけましょう。畝幅は80～100cmほどで、気温が高くなる6月以降に透明マルチをかけておきます

種まき　7～8月の雨が続く前日にマルチをはがし、条間20cmで条まきします。畝の表面が隠れる程度に枯れ草、籾殻、燻炭など有機物で覆い、発芽までは水を切らさないようにします。

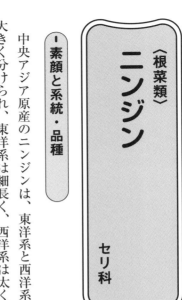

図2-9　ニンジンづくりのポイント

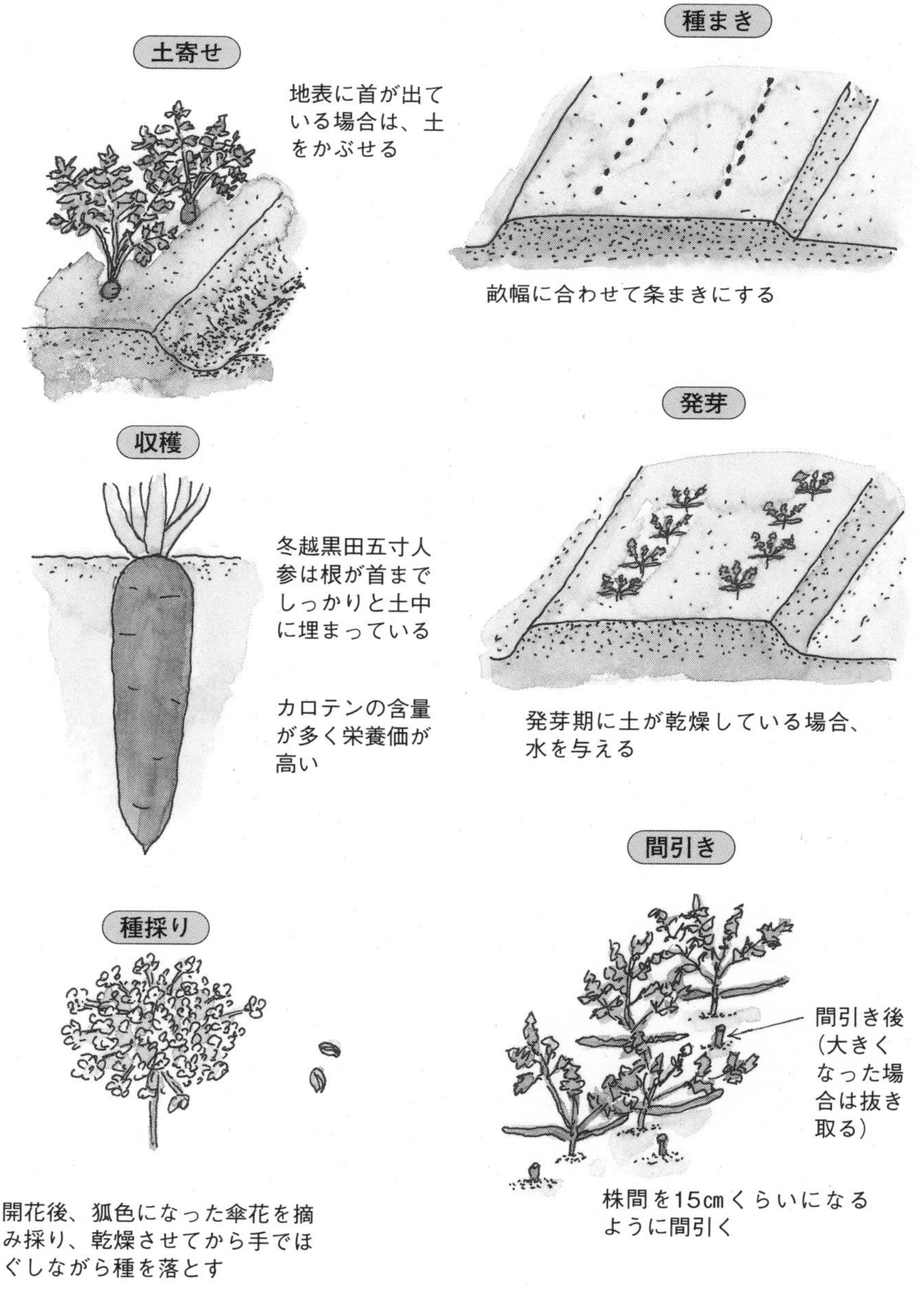
種まき
畝幅に合わせて条まきにする
発芽
発芽期に土が乾燥している場合、水を与える
間引き
間引き後（大きくなった場合は抜き取る）
株間を15㎝くらいになるように間引く
土寄せ
地表に首が出ている場合は、土をかぶせる
収穫
冬越黒田五寸人参は根が首までしっかりと土中に埋まっている
カロテンの含量が多く栄養価が高い
種採り
開花後、狐色になった傘花を摘み採り、乾燥させてから手でほぐしながら種を落とす

間引き　何回かに分けて間引きを行い、最終的に12〜15㎝間隔くらいになるようにします。1回目は本葉2〜3枚の頃に株間が2〜3㎝、2回目は本葉4〜5枚の頃に5〜8㎝、3回目は本葉7〜8枚の頃に株間10〜15㎝くらいになるように、そのつど生育の良い苗を残して間引きを行います。

ニンジンは生育が遅いため、太陽熱消毒をしない場合は雑草がすぐに伸びてくるので、ニンジンの生育のじゃまにならないようこまめに草取りを行いましょう。草取りや間引きが遅れると茎葉ばかりが茂り、根の肥大が悪くなるため気をつけます。

生育期のニンジン畑

収穫したニンジン

病害虫対策　ニンジンはセリ科の葉が大好きなキアゲハの幼虫がつきやすく、ほうっておくと葉を食べ尽くしてしまうので、見つけしだい駆除します。

収穫　大きくなったものから収穫します。

種採りのヒント

開花後、結実して枯れてきたら、房ごと切り取り、防虫網などに包み、風通しの良い場所で乾燥させます。じゅうぶん乾燥したら手でもみながら脱粒させ、不良種子やごみなどを除去。1週間ほど陰干しをした後、紙袋などに入れ、冷蔵庫などで保管します。

開花直後の傘花

種（黒田五寸人参）

〈根菜類〉ショウガ

ショウガ科

素顔と系統・品種

熱帯アジア原産のショウガは、生産はインド、中国、ネパールが盛んであり、日本の主な産地は高知県に集中しています。ショウガは高温多湿を好むので、乾燥には気をつけます。品種は土佐大生姜です。

ショウガの生育

〔作業暦〕

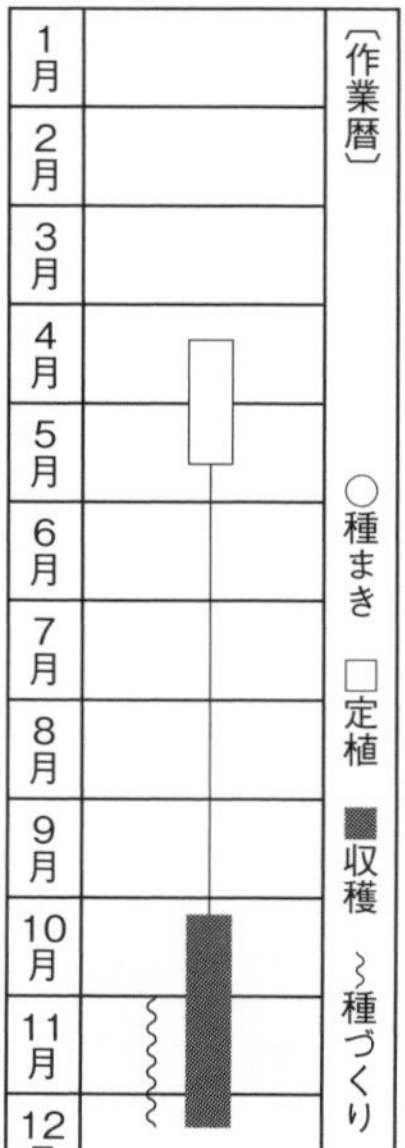

育て方のポイント

畑の準備　畝の高さは15～20㎝、畝幅は50～60㎝の畝をつくり、黒マルチを当てておきます。

定植　種ショウガを150～200gくらいにカットし、2日ほど天日干しして乾燥させます。4月下旬～5月に条間30～40㎝、深さ5～6㎝くらいに定植します。途中芽が出てきたら、マルチに当たらないよう口を広げます。

収穫　10～11月葉が枯れ始めたら収穫します

種づくりのヒント

種（種ショウガ）を選んで茎と根を取り除き、土をつけたまま13～15℃の適温で土室《つちむろ》などに入れて貯蔵します。

〈マメ類〉インゲン

マメ科

素顔と系統・品種

古代からインゲンマメは南北アメリカ大陸での主要作物となっており、アステカ帝国では乾燥させたインゲンを税の物納品目として徴収していたそうです。生育期間が短く、わずか50日余りで収穫できます。よく三度豆と呼ばれるのは、年3回も種まきできることに由来しています。

黒インゲンは莢で食べても、子実を煮豆として食べてもおいしいです。品種は黒いんげんです。

収穫期の平莢インゲン

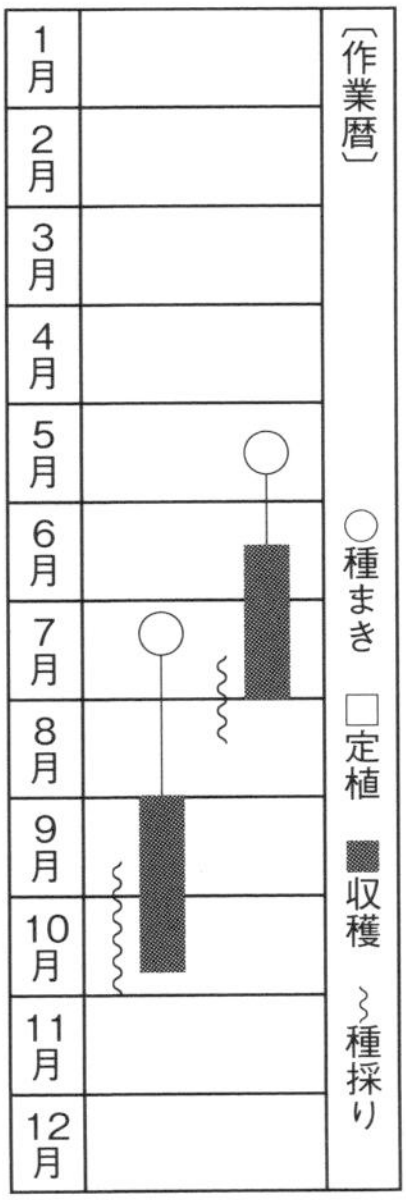

育て方のポイント

畑の準備　畝の高さは10～15㎝、畝幅は90～100㎝で畝をつくっておきます。黒マルチを使用するのもよいでしょう。わたしはキュウリを収穫し終わった後の畝とネットをそのまま利用して栽培しています。

ネット張り　二畝をまたいでキュウリパイプを使用し、目合い18㎝×幅420㎝か480㎝のキュウリネットを使用します。

種まき　6月下旬～7月、条間40～50㎝で2～3粒点まきします。

間引き　本葉が出てきたら、元気な株1本を残し残りは間引きます。

誘引　主枝は、できるだけ真っすぐ上に伸びるように誘引します。

収穫　実が大きくなったものから、順に収穫します。

種採りのヒント

蔓ありは下から順に、蔓なしは一斉に若莢のうちに収穫します。莢に種が入って完熟し、茶色になったものを切り取り、網袋に入れて風通しの良い場所につるして乾燥させます。じゅうぶん乾燥したら脱粒し、乾燥剤入りの瓶などに入れ、冷暗所などで保管します。

生育期のインゲン畑

丸莢のいちずいんげん

種採り用の莢を乾燥

〈マメ類〉

ダイズ（エダマメ）

マメ科

素顔と系統・品種

エダマメは、ダイズを未成熟で若マメ状態の青い間に収穫し、食用にするものでほとんどが早生種、普通種があります。近年は黒マメもエダマメとして用いられています。」エダマメはマメ類に分類されず、緑黄色野菜に分類される場合もあります。品種には早生大豊緑《たいほうみどり》枝豆、庄内三号枝豆、中晩生枝豆秘伝などがありますが、ここでは湯あがり娘です。

ダイズ（早生大豊緑枝豆）

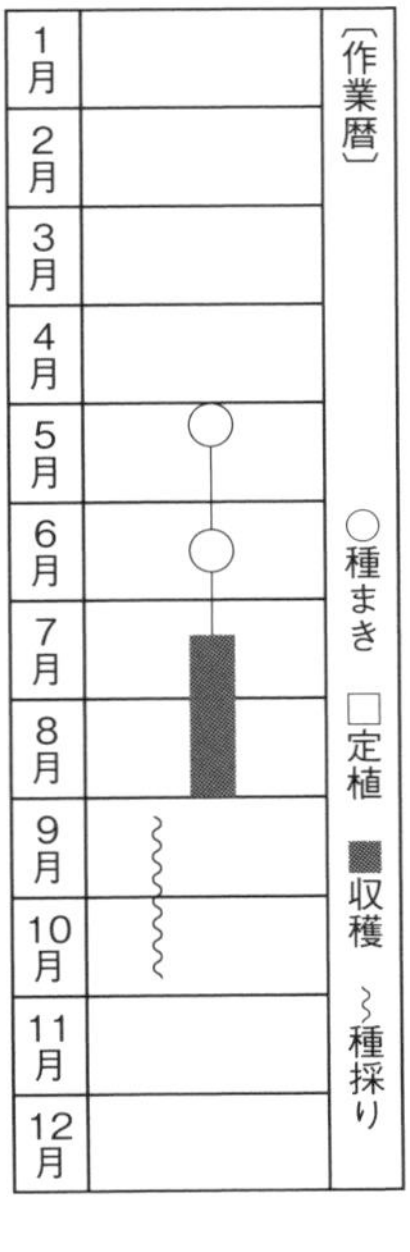

育て方のポイント

畑の準備　畝の高さは10～20cm、畝幅は1条で50cmほど、2条で80～100cmの畝をつくっておきます。わたしはエダマメをコンパニオンプランツとして他の野菜のそばで育てています。

エダマメだけを育てる場合は、低い畝にして土寄せをするとよいです。

種まき　40cm間隔に1～2粒種をまきます。

間引き　本葉が出てきたら、元気な株1本を残し残りは間引きます。移植も可能です。

お盆過ぎに収穫する茶豆

生育期のダイズ畑

青ダイズ

黒ダイズ

収穫　実が大きくなったら収穫します。

種採りのヒント

生育が良い株をそのまま枯れるまで残し、完全に枯れたところで引き抜き、日陰の風通しの良い場所に逆さにつって乾燥させます。じゅうぶん乾燥したらビニールシートの上などで脱粒し、不粒種子やごみなどを除去。さらに陰干しをした後、乾燥剤入りの瓶などに入れ、冷暗所などで保管します。

〈マメ類〉

ササゲ

マメ科

素顔と系統・品種

原産はアフリカなどの熱帯地域。日本へは9世紀に渡来し、赤飯に使われるのが一般的でした。平安時代に「大角豆」として記録が残されており、江戸時代の『農業全書』には「豇豆」という名前で多くの品種や栽培法の記述があります。品種には三尺ササゲけごんの滝、金時ササゲなどがあります。

ササゲ（三尺ササゲけごんの滝）

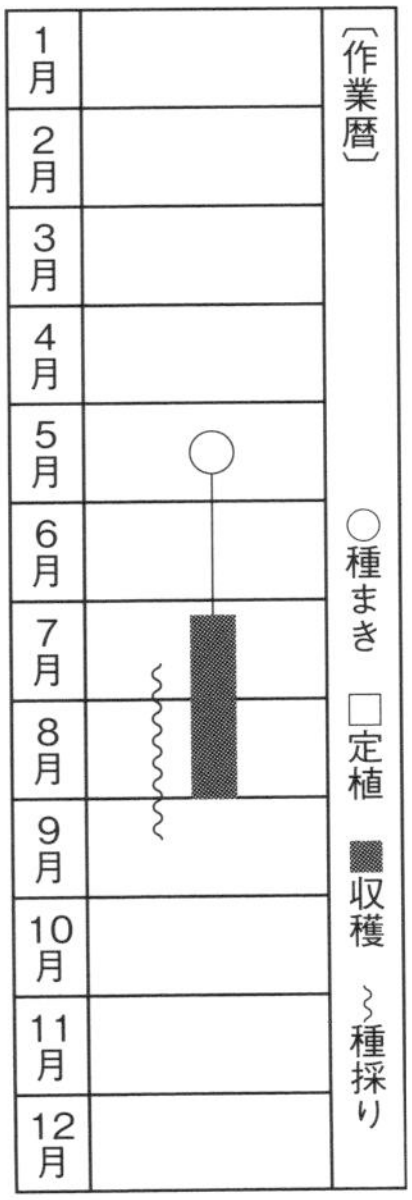

育て方のポイント

畑の準備　畝の高さは10～15㎝、畝幅は80～100㎝で、黒マルチを当てておきます。

ネット張り　二畝をまたいでキュウリパイプを使用し、目合い18㎝×幅420㎝か480㎝のキュウリネットを使用します。

種まき　50～60㎝間隔に2～3粒種をまきます。

間引き　本葉が出てきたら、元気な株1本を残し残りは間引きます。

収穫　実が大きくなったら収穫します。

種採りのヒント

莢が茶色になったら収穫しますが、莢をむいて種を取り出し、形が良いもの、しわのないもの、色が濃いものを選びます。網袋やボウルなどに入れてじゅうぶん乾燥させ、乾燥剤入りの瓶などに入れて冷暗所などで保管します。

収穫期の金時ササゲ

種採り用に乾燥

〈マメ類〉シカクマメ

マメ科

素顔と系統・品種

シカクマメは、熱帯アジア原産の多年草。代表的な短日植物で、開花・結実が短日条件下で促進されるとともに温度の影響を受けやすく、一般に高温環境下では開花・結実が困難になることが多いです。品種はわこさま四角豆です。

育て方のポイント

畑の準備　畝の高さは10〜15cm、畝幅は80〜100cmで、黒マルチを当てておきます。

ネット張り　二畝をまたいでキュウリパイプを使用し、目合い18cm×幅420cmか480cmのキュウリネットを使用します。

種まき　80〜100cm間隔に2〜3粒ほど種をま

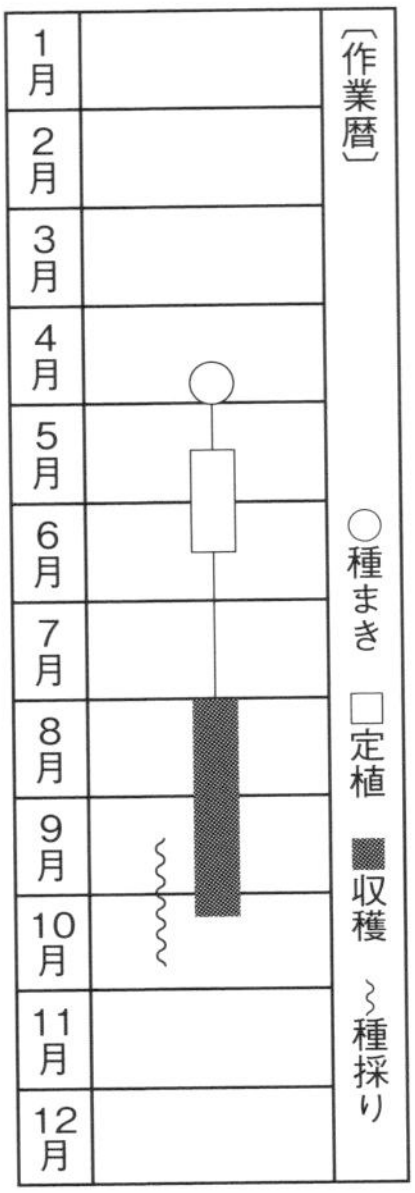

きます。

間引き　本葉が出てきたら、元気な株1本を残し残りは間引きます。

収穫　実が大きくなったら収穫します。

種採りのヒント

莢が茶色になったら切り取り、種を取り出して網袋などに入れて乾燥させます。乾燥剤入りの瓶などに入れて冷暗所などで保管します。

収穫期のシカクマメ

〈マメ類〉スナックエンドウ

マメ科

素顔と系統・品種

アメリカから導入されたエンドウの品種で、丸々太らせて莢ごと軽くゆでて食べる甘み抜群のサヤエンドウ。もぎたてのおいしさは格別です。品種はスナックエンドウです。

育て方のポイント

畑の準備　畝の高さは10〜15㎝、畝幅は90〜100㎝で、黒マルチを当てておきます。わたしは主に夏にウリ科の野菜を育てた後の畝を利用して栽培します。

ネット張り　長さ2・1mのイボ竹を1・2mくらいの間隔で畝の両端から立てて三角のやぐらをつくり、1・8mくらいの高さのところで直管パイプで

収穫したスナックエンドウ

乾燥させた種

スナックエンドウの開花（4月）

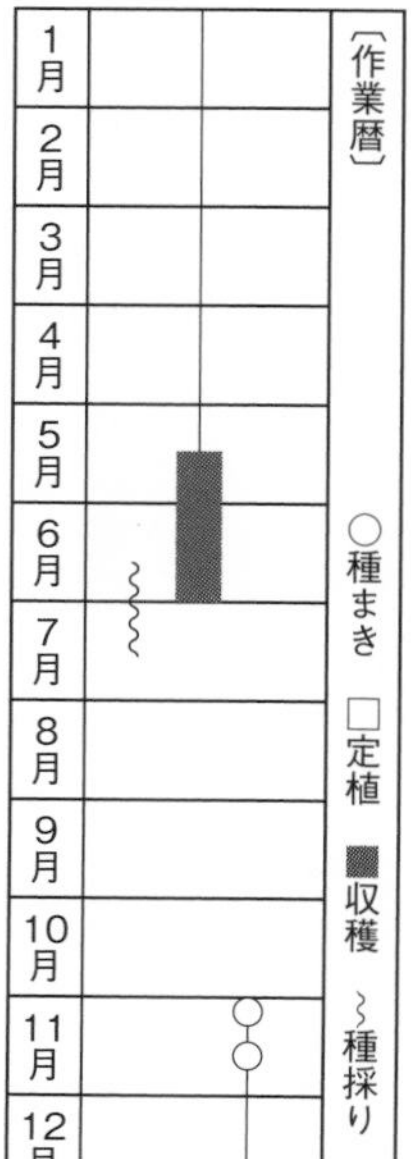

固定します。その後、キュウリネットかエンドウネットを張っておきます。

種まき　11月上中旬に40~50cm間隔に2~3粒種をまきます。

間引き　4月に元気な株1~2本を残し、残りは間引きます。

収穫　実が大きくなったら収穫します。

種採りのヒント

緑色の莢が、白っぽかったり薄茶色になったりしてきたら切り取り、莢のまま、もしくは莢から種を取り出して網袋などに入れて乾燥させます。乾燥剤入りの瓶などに入れて冷暗所などで保管します。

〈マメ類〉
キヌサヤエンドウ
マメ科

素顔と系統・品種

キヌサヤエンドウは中近東原産で日本へは奈良時代に伝来し、江戸時代から広く栽培されている野菜です。日本絹サヤエンドウは、日本伝統種の早生白花絹サヤエンドウで、やわらかくおいしいです。品種は赤花種、白花種、蔓あり種、蔓なし種などに分けられますが、一般的な品種は日本絹莢豌豆《きぬさやえんどう》です。

収穫したキヌサヤエンドウ

収穫期の状態

〔作業暦〕

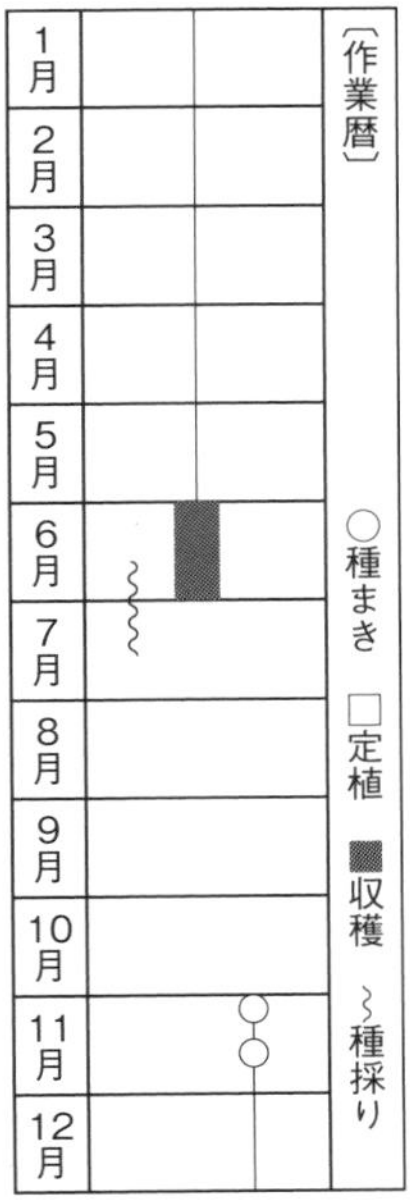

育て方のポイント

畑の準備　畝の高さは10～15㎝、畝幅は90～100㎝で、黒マルチを当てておきます。わたしはキヌサヤエンドウを主に夏にウリ科の野菜を育てた後の畝を利用して栽培します。

ネット張り　長さ2・1mのイボ竹を1・2mくらいの間隔で畝の両端から立てて三角のやぐらをつくり、1・8mくらいの高さのところで直管パイプで固定します。その後、キュウリネットかエンドウネットを張っておきます。

種まき　11月上中旬に、40～50㎝間隔に2～3粒種をまきます。

間引き　4月に元気な株1～2本を残し、残りは間引きます。

収穫　莢が大きくなったら収穫します。

種採りのヒント

熟した莢のまま、もしくは莢から種を取り出し、網袋などに入れて乾燥させます。乾燥剤入りの瓶などに入れ、冷蔵庫などで保管します。

莢ごと乾燥させる

種を保管

〈マメ類〉グリーンピース

マメ科

素顔と系統・品種

グリーンピースの別名は実エンドウ。古代エジプト、古代ギリシアで食用とされていた記録があり、世界最古の農作物ともいわれています。日本に伝来したのは10世紀頃で、穀物として食べられていたそうです。品種は蔓ありの緑うすい豌豆《えんどう》です。

育て方のポイント

畑の準備　畝の高さは10～15㎝、畝幅は90～100㎝とし、黒マルチを当てておきます。わたしは主に夏にウリ科の野菜を育てた後の畝を利用して栽培します。

ネット張り　長さ2・1ｍのイボ竹を1・2ｍくらいの間隔で畝の両端から立てて三角のやぐらをつく

莢のまま網袋に入れて乾燥

グリーンピースの開花

乾燥させた莢と実

収穫したグリーンピース

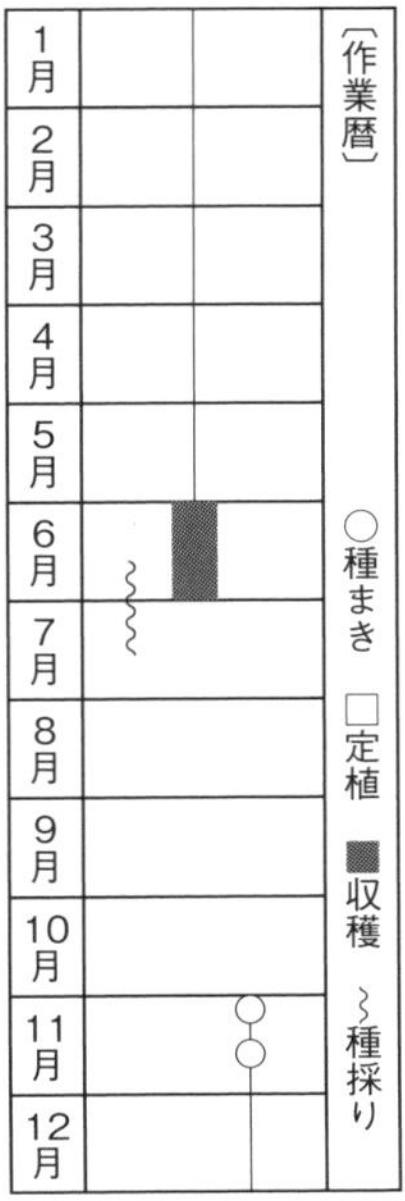

り、1・8mくらいの高さのところで直管パイプで固定します。その後、キュウリネットかエンドウネットを張っておきます。

種まき　11月上中旬に、40～50㎝間隔に2～3粒種をまきます。

間引き　4月に元気な株1～2本を残し、残りは間引きます。

収穫　莢が大きくなり、表面にしわができ始めたら収穫します。

種採りのヒント

スナックエンドウ、キヌサヤエンドウと同じく熟した莢のまま、もしくは莢から種を取り出し、網袋などに入れて乾燥させます。乾燥剤入りの瓶などに入れ、冷暗所などで保管します。

〈マメ類〉アズキ

マメ科

素顔と系統・品種

アズキの原産地は東アジアとされており、日本では古くから親しまれ、縄文時代の遺跡からも発掘されているほか、『古事記』にもその記述があります。品種は丹波大納言小豆《あずき》などです。

育て方のポイント

畑の準備　畝の高さは10～15㎝、2条植えで畝幅は90～100㎝の畝をつくっておきます。アズキの場合も夏にウリ科の野菜を育てた後の畝を利用して栽培します。

種まき　6月下旬～7月上中旬に条間50～60㎝、株間に2～3粒種をまきます。

間引き　元気な株1本を残し、残りは間引きます。

〈作業暦〉

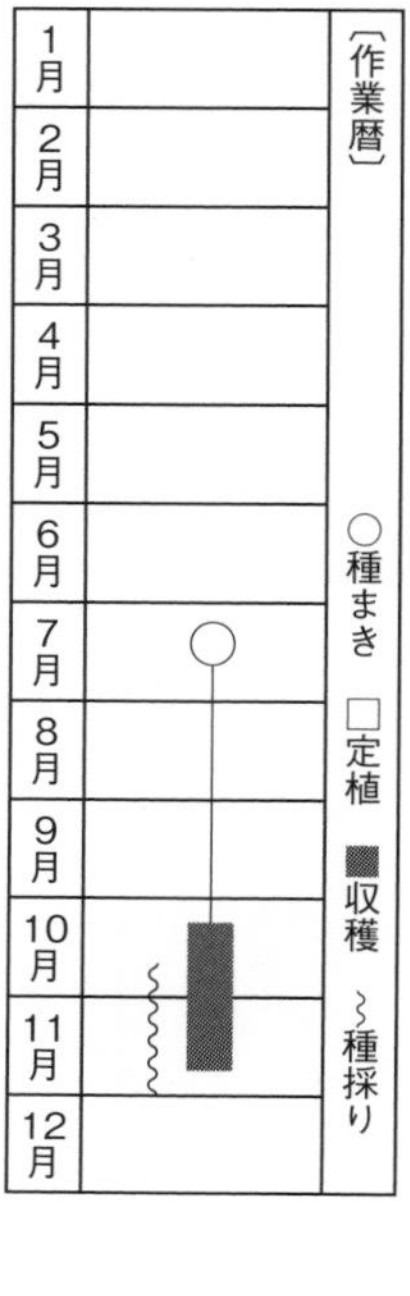

整枝・摘芯　本葉5～6枚くらいの頃、または生長点が伸び過ぎているときは摘芯します。

栽培管理　花が咲く頃に支柱をし、倒れないようにします。収穫前に台風の時期とも重なるので倒伏させないように気をつけましょう。

収穫　莢が茶色くなり乾燥してきたら収穫します。収穫後、さらに1週間ほど風通しの良いところで乾燥させます。

種採りのヒント

莢を切り取り、網袋やボウルなどに入れ、風通しの良い場所で乾燥させます。莢をむいて種を取り出し、不良種子などを除去。さらに陰干しをし、乾燥剤入りの瓶などに入れて冷暗所などで保管します。

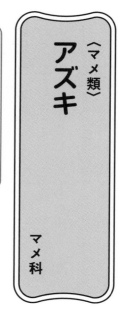

〈マメ類〉

ソラマメ

マメ科

素顔と系統・品種

ソラマメは中央アジア原産で、日本へは奈良、平安時代に渡来しました。粒が大きく、莢が空に向いてつくことから「空豆」、蚕の形に似ているので「蚕豆」とも書きます。冬の寒い時期を越して育つので、日当たりの良い場所を選んで育てます。品種には中粒の讃岐《さぬき》長莢、大粒の陵西《りょうさい》一寸などがあります。

育て方のポイント

畑の準備　幅60cm、高さ15cm程度の畝を立て、あらかじめ黒のビニールマルチを張っておきます。透明なビニールマルチのほうが生育は順調になるのですが、春先になると乾燥しやすく、アブラムシによる病害が増えるので、保水性の高い黒マルチを使用します。

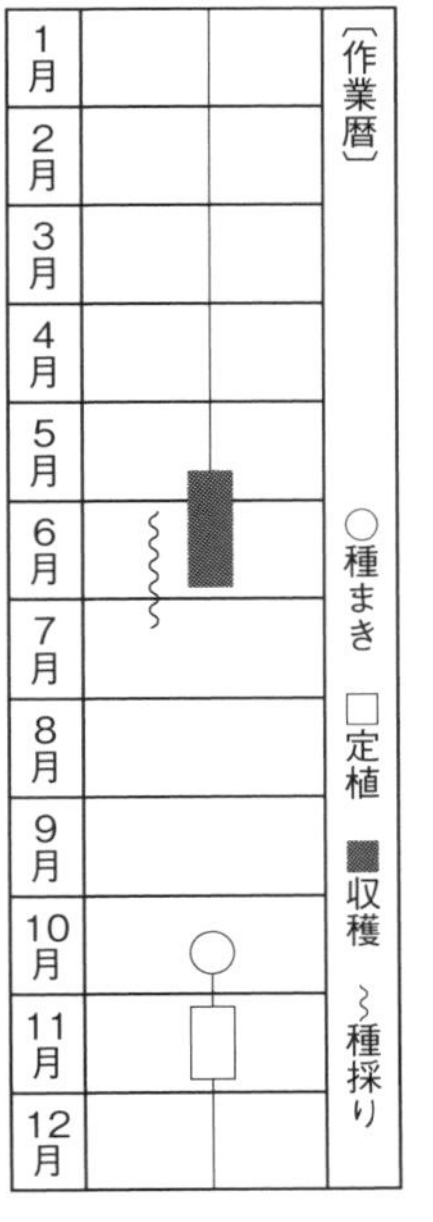

種まき・育苗　直まきです。マルチに50cm間隔で穴をあけ、一穴に一粒ずつ、種の「おはぐろ」が斜め下を向くように種をまきます。

ソラマメは粒が大きく、発芽にじゅうぶんな酸素が必要なので、種の上部が少し土から見える程度に浅く種まきするのが主流ですが、種がじゅうぶん吸水できるように、薄く土がかかるまで埋め込む方法もあります。うまく発芽しない場合に備えて、直径10・5cm（3・5寸）のポットにも、苗を仕立てておくとよいでしょう。

摘芯　ソラマメの天敵のアブラムシは、主枝の芯で越冬するといわれています。そこで、5月上中旬、10cm前後に伸びてきた主枝の摘芯を行います。そうすることで、側枝の発生も促します。

図2-10　ソラマメづくりのポイント

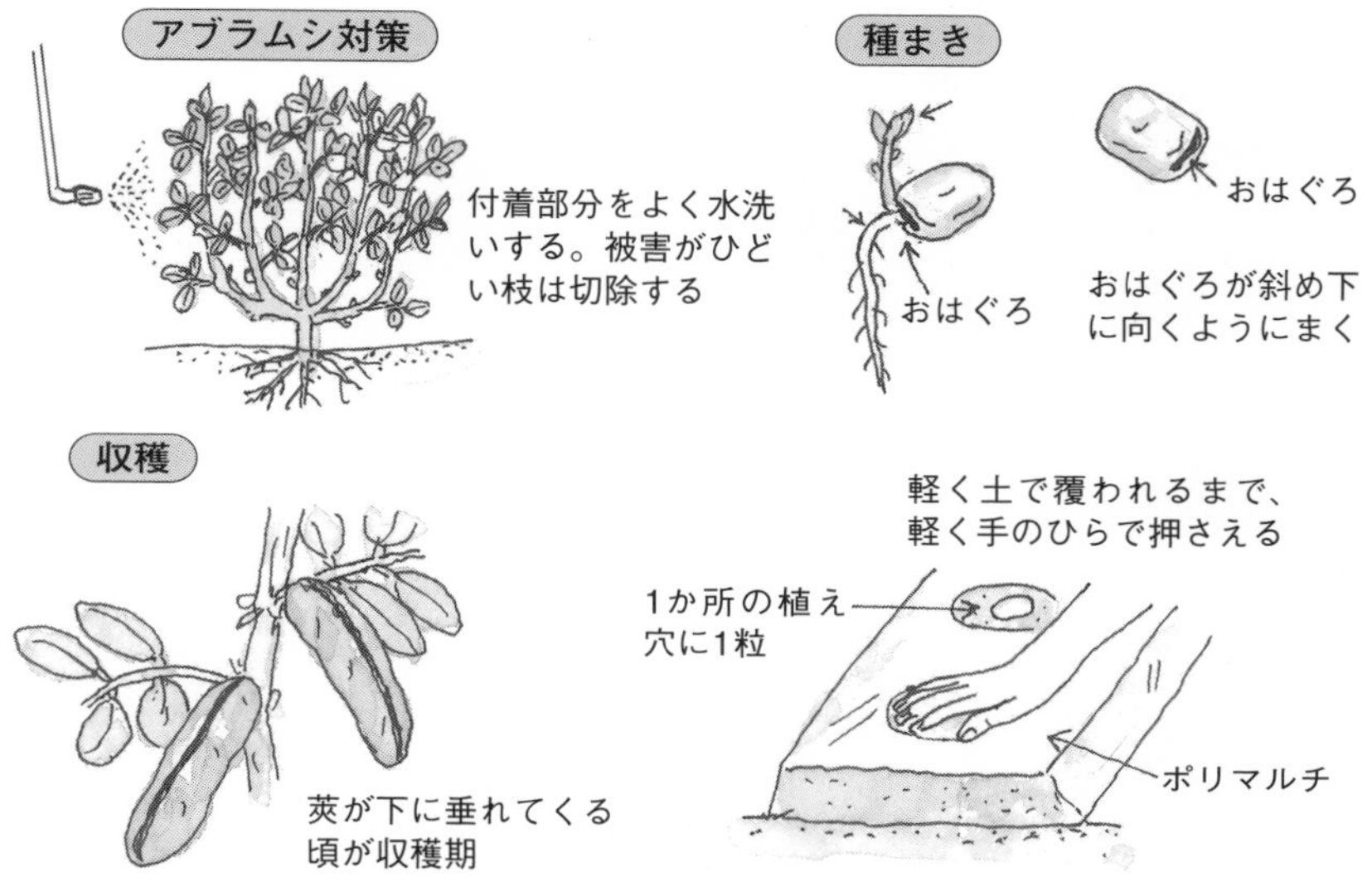
アブラムシ対策
付着部分をよく水洗いする。被害がひどい枝は切除する
種まき
おはぐろ
おはぐろ
おはぐろが斜め下に向くようにまく
収穫
莢が下に垂れてくる頃が収穫期
軽く土で覆われるまで、軽く手のひらで押さえる
1か所の植え穴に1粒
ポリマルチ

その後、側枝にじゅうぶん光が当たるように整理すると、より品質が上がりますが、放任しても問題なく収穫できます。

アブラムシ対策　ソラマメには、よく大量のアブラムシがつきます。アブラムシはソラマメの生育を阻害し、莢の肥大不良を引き起こし、ウイルス病も媒介するので、防除が必要です。

主枝の摘芯、開花後の水管理などである程度予防効果が期待できますが、決定的に抑えるには至りません。そこで、アブラムシがついてしまったら、水

ソラマメの発芽

収穫したソラマメ

洗いや食酢を散布して対処します。
ソラマメがじゅうぶんに生育し伸張が止まってからは、アブラムシの被害の大きい上部10～15㎝を切り取ることもあります。それよりも前の段階で上部の切り取りを行う場合もあります。

収穫　収穫適期になると、莢はその名のとおり空を向いて上向きに膨らんで光沢を帯び、背筋が黒くなります。開花の早い下部の莢から垂れて熟してくるので、随時収穫します。

莢が黒くなるまで乾燥

種（河内一寸）

種採りのヒント

母本選び　病虫害（特にアブラムシとウイルス病）がないもの、形質や莢の太り具合、実つきの良いものを母本に選びます。収穫適期のソラマメを収穫せずに枝にならせておくと、2週間くらいで種子が充実してきます。充実した莢は、皮が薄黄色くなり、触るとシワシワしてきます。

種採り　充実した莢を枝から一莢ずつ収穫し、2週間くらい莢ごと天日干しして、よく乾燥させます。雨の予報があるときは、しわが寄った莢は吸水してしまうので、少し早めでも収穫しましょう。
天日干しを始めて数日で莢が真っ黒になりますが、その後も莢がカラカラになるまで乾燥させます。莢から種を取り出して乾燥させると、乾燥具合にむらができるので注意します。乾燥後、莢から種を取り出し、容器に乾燥剤と一緒に入れて、冷蔵庫で保存します。

（まとめ協力・三好かやの）

〈マメ類〉ラッカセイ

マメ科

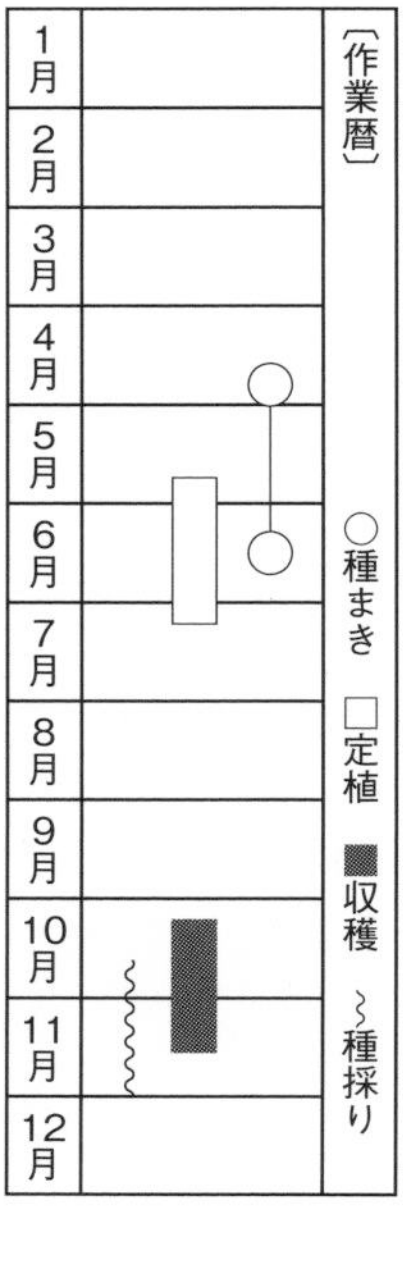

素顔と系統・品種

原産地は南アメリカ、アンデス山脈の麓。そこに暮らす先住民族の人たちによって受け継がれ、食料や薬として、利用されてきました。日本へは江戸時代に中国経由で渡来したので、南京豆との別名がつけられました。しかし、栽培は広がらず、明治期以降、主に関東地方で栽培されるようになりました。

ラッカセイの成分のうち約半分は脂肪ですが、悪玉コレステロールがなく、体に良いとされています。残り4分の1がタンパク質、さらにビタミンE、ナイアシン、ミネラルなどを多く含んでいます。品種は黒落花生、おおまさりなど地域の育成種、在来種です。

殻入りラッカセイと中の実

定植後の状態

育て方のポイント

畑の準備　砂質土壌が適していますが、水はけの良い畑であれば土質は選びません。水はけの悪い畑の場合は、溝を掘るなど排水対策が必要です。

直まきの場合は、２週間前と畝立てをするときに雑草対策として耕し、あらかじめ20㎝の高畝を立てておきます。

種まき・育苗　９㎝か12㎝のポットに種をまき、育てます。

定植　５～６月、60～80㎝間隔で、苗を定植します。

直まきの場合　無肥料自然栽培で、露地に直まきする場合は、５～６月まで播種が可能です。20㎝ほどの高畝をつくり、60～80㎝間隔で、２～３㎝ほどの深さに種を埋めます。

ラッカセイの収穫

株ごと乾燥させる

直まきの場合、鳥がマメを食べにくるので、防鳥対策が必要です。畝の上から15～20㎝の高さにテグスを張ったり、防鳥ネットを利用してもよいでしょう。マメが生長するにつれ、テグスやネットに葉が絡まないように注意しましょう。

収穫　花が咲き始めて80～90日を目安に収穫します。掘り上げて７～８割方、莢が網目模様になっていれば、収穫可能です。雑草はマメの生長を妨げるので、収穫まではマメの地際の草を、こまめに取っておきましょう。

種採りのヒント

母本選び　１本の株でマメの数が多く、大粒のものを選びます。

種採り　カラカラと莢の中で音がするまで乾燥させ、莢ごと紙袋や布袋に入れ、冷蔵庫で保存します。

（まとめ協力・三好かやの）

第3章

自然栽培の米づくり

廣 和仁

自然栽培の米と稲穂

米づくりの年間作業

10〜4月

田んぼの準備　コンバインで稲を刈ると、田んぼの四隅に稲わらがたまります。田んぼに残ったわらは、田植え作業に邪魔になるばかりでなく、夏場に気温が上昇してくるとガスを発生させ、稲の発育を阻害。そこで、稲刈り後から田起こし前までの期間で3〜4回、晴れて空気が乾燥した日を選んで田んぼに残ったわらを散らし、わらを風化させます。自然栽培では、わらをすき込む秋起こしは行いません。

また、田起こし時に田んぼの土を乾燥させるため、水はけの悪い田んぼでは溝を掘るなどして排水性を高めておきます。

4〜5月

田起こし　田植えの1か月以上前から、田んぼの土を粗く起こし、乾燥させておきます。土の中に空気を行きわたらせ、好気性菌の活動を促し、田植え後の稲の生長を促進させることが目的です。また、土を乾燥させることは、雑草の発生を抑えることにもつながります。

種まき・育苗　田んぼの土を使った培養土に種をまき、苗を育てます。自然栽培ではなるべく大苗に育てるため、育苗日数は約30〜50日です。無肥料の焼き土と米ぬか、籾殻などを混ぜてつくる培養土で育苗するのもよいでしょう。

6月

代かき　田植えの3日前に行います。自然栽培では、なるべく浅く粗い代かきを心がけます。

田植え　自然栽培では、疎植を心がけます（坪当たり30〜50株、2〜3本植え）。

除草　自然栽培では農薬は使用せず、タイヤのチェーンを引きずるチェーン除草が主流です。市販の除草機でも大丈夫です。

図3-1　自然栽培の米づくりの暦

（北陸）

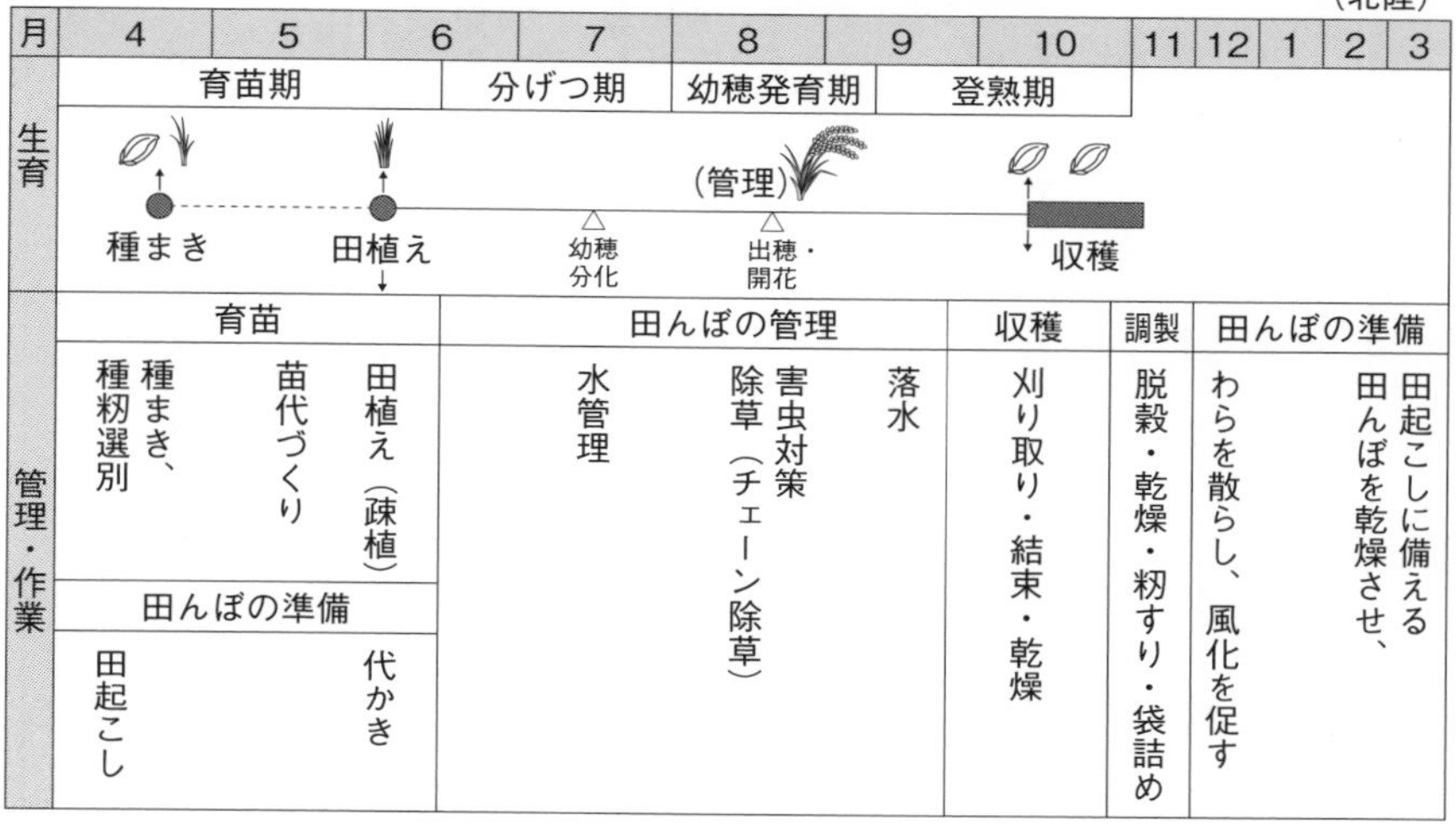

注：①分げつとは、イネ科植物で稈の下位にある節から芽が生じて新たな稈ができること
②8〜3月にかけて苗床の培養土づくりを行う
③害虫対策として自然由来の油、酢、木竹酢液などを用いる

6〜8月

害虫対策　農薬は使用せず、害虫の駆除は天敵となる昆虫などにゆだねるのが基本ですが、場合によっては自然由来の油や酢などを使用します。

6〜9月

水管理　生育状態に合わせ、水の量を調節する水管理を行います。

8〜3月

培養土づくり　来年の苗づくりに向けて、培養土づくりを行います。自然栽培では、植える田んぼの土を使っての米ぬか発酵法で培養土をつくります。発酵が早い8月頃が効率良くつくれますが、冬につくってもかまいません。

9〜10月

収穫・乾燥・調製　育った稲を刈り取り、販売に向けて乾燥・調製を行います。

田んぼの準備

自然栽培では、人為的に化成肥料や有機質肥料、農薬や除草剤などを農地に加えることはありません。かといって、極力人為を加えない放置栽培とも異なります。

前にも触れていますが、自然栽培とは、土中の微生物群や昆虫などが働きやすい環境を人為的につくりだし、自然の生物界と共存共栄することで作物が生育できる土や周辺環境を整えていく農法です。

そのため、これから自然栽培の米づくりを始めようという農地はもちろん、これまで自然栽培の米づくりを続けてきた田んぼでも、その年の米づくりの前に、土の状態を観察し準備することは、とても大事な作業です。

耕作放棄地の開墾

自然栽培では、耕作放棄地は宝と呼ばれています。長く肥料や農薬、除草剤が使用されていないため、土中の生態バランスが自然の状態に戻っている可能性があるからです。そのため、耕作放棄地で自然栽培をした場合、慣行栽培されていた農地と比べて、初年度の収穫量が高い傾向が見られます。

もし、農地に樹木が生えていれば、根から抜いて撤去します。

雑草は刈り取ります。刈り取った雑草は、青草のままます すき込むのは避け、土をまぶして田んぼの四隅に積んでおき、野ざらしにしておきます。こうしておいたものは、農地の状態によっては4〜5年後に堆肥として使用する場合も考えられます。

雑草を処理しきれず、やむなくすき込みたい場合でも、青草を天日干しして、乾燥させてからすき込みます。また雑草の根は、田んぼの土が乾くのを待ってからすき込みます。

土中微生物群の活動状態を把握する

前年まで慣行栽培をしていた田んぼを自然栽培に

切り替える場合、だいたい3年間は収量が落ち込んでしまうことに覚悟が必要です。一反当たり３～３・５俵（１８０～２１０kg）収穫できれば良いほうでしょう。しかし３～４年後からは、収量は確実に上向いていきます。これは全国的に共通している特徴です。

長年にわたって肥料や農薬、除草剤が使い続けられてきた慣行栽培の田んぼは、土中に本来存在すべき微生物群が死滅や減菌、あるいは休眠してしまっていて、土中の生態バランスが著しく損なわれていることがほとんどです。そのため、人為的に肥料や農薬、除草剤を使わなければ収量は落ちてしまいますが、自然栽培を続けることによって土中の生態バランスは徐々に整っていきます。土中の微生物の活動が活発になれば稲の根の生育も良くなり、収量も上がっていきます。つまり、損なわれていた土中の生態バランスが整うまでの期間は、だいたい３～４年ということです。

土中の微生物群の活動状態を把握するには、田んぼの地温を測定してみるとよいでしょう。地下50㎝程度まで、10㎝ごとに土の温度を測定します。それらの温度と地表温度との差が数度以上ある場合は、土中微生物群の活動が低下していると考えられます。この地温測定を毎年続けることが、農地の変化を知る手がかりになります。

田起こしの1か月前から乾燥させる

田起こしの前、１か月以上前から、田んぼはじゅうぶん乾燥させておきます。田んぼを乾燥させるねらいは、土の中に空気を行きわたらせ、好気性菌の活動を促すことです。また、球根系雑草のコナギなども、２週間程度の乾燥で抑制できます。これを乾土効果と呼びます。自然栽培での米づくりにおいて、この作業は最も重要で、その後の生育や収量にも大きく作用します。

乾土効果を最大限発揮するために、水はけの悪い田んぼでは、排水性を良くする必要があります、そのためには、ふたのない排水溝（明渠）や、土管などを用いた排水溝（暗渠）を敷設するとよいでしょう。

種籾処理と育苗

種籾の選別と消毒

後の収穫でより多くの収穫を目指すには、育苗段階で発芽効率を良くすること、そして元気な苗を均一に育てることが大切です。そのためには、発芽や初期育成の栄養分となる胚乳用分量が多く充実した種籾を選ぶこと、育苗段階で発生するバカ苗病などの病気を予防することが重要です。

羽咋の自然栽培では、選別には塩水を使った塩水選を、また消毒には薬品使用を避けるために、田んぼの泥を使った泥水消毒を行うことが一般的です(温湯消毒も可能です)。どちらも水を使うので、播種前の浸種直前に行います。

塩水選

中身の胚乳用分量が充実した種籾は、発芽率が高く活着にも優れた良い苗が育ちます。一方で胚乳用分量が足りない種籾は、発芽しなかったり、発芽しても弱い苗にしかなりません。しかし、種籾の中身の充実度は外見ではわかりません。そのため、中身の充実した種籾の比重が重いことを利用した、塩水による比重選を行います。

塩水選の手順

❶水の入ったバケツに塩を入れ、塩分濃度が1・13〜1・17の塩水をつくります。バケツの底に塩が

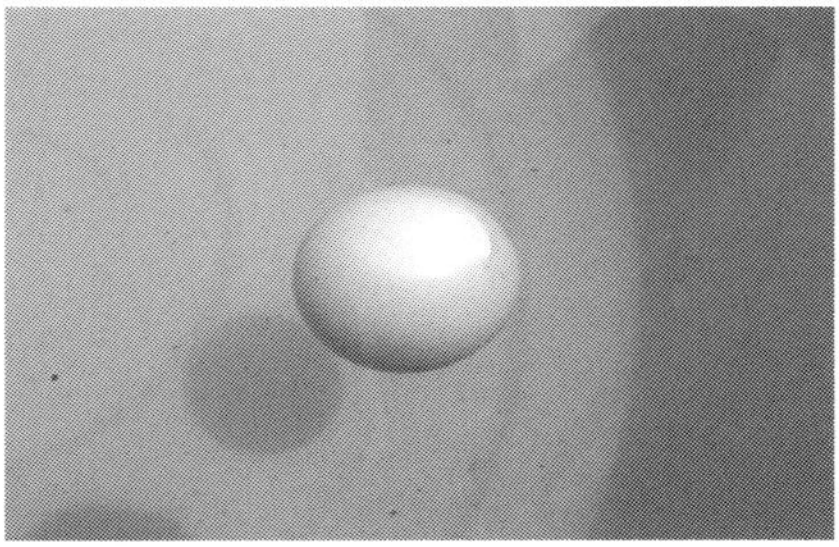

卵を浮かべて塩分濃度を判断

種籾を入れる

残らないように、しっかりとかき混ぜましょう。塩分濃度を計るのには比重計があると便利ですが、生卵を浮かべて判断する方法もあります。生卵が垂直に浮く状態だとまだ塩分濃度が低く、生卵が傾いて浮き、頭がのぞく状態だと、だいたい塩分濃度は1・13程度と判断できます。

❷バケツの塩水に少しずつ種籾を入れ、よくかき混ぜます。こうすると、中身が充実して比重の重い種籾は沈み、中身が充実しておらず比重の軽い種籾は浮き上がってくるので、浮いた種籾をざるなどで取り除きます。

❸沈んでいる種籾を取り出し、真水でしっかりとすすぎます。

泥水消毒

育苗段階でも、いくつかの病気が発生する可能性

種籾をかき混ぜる

浮いた種籾を取り除く

真水で種籾をすすぐ

があります。例えば、種籾が発芽しなかったり、発芽した苗の丈が異常に伸びたりするバカ苗病もその一つです。バカ苗病は、病菌の胞子が種籾につくことで発生します。こうした病気のもととなる病原菌や胞子は、育苗前に消毒しておく必要があります。

自然栽培では、種籾の消毒に手指消毒剤のような薬剤は使用しません。泥水消毒は、田んぼの表層の土に生息する微生物によって、病原菌を退治してもらう方法です。泥水を使うことで、刈り取り時につ いた種籾の傷を泥で覆う効果も期待できます。

また、初めて自然栽培を行うため、田んぼの土がないなど泥水消毒ができない場合は、薬剤を使わない消毒法として、60～65℃のお湯に10分間漬けるといった温湯消毒を行ってもよいでしょう。

泥水消毒の手順

❶40ℓのバケツなどに、田んぼの土を角スコップ2杯分入れます。田んぼの土は、あまり深いところの土は取らず、表層の土を取るようにします。

❷バケツの80％に水を入れてよくかき混ぜます。

❸しばらく置いて泥を沈澱させ、浮いてきたごみやわらくずなどをざるなどで取り除きます。

❹再びかき混ぜたら種籾の入った袋を入れ、種籾一粒一粒に泥水が行きわたるように10～30分間もみ込みます。

❺消毒後は、白カビの発生を防ぐために、流水で泥をよく洗い流します。

種籾の浸種

種籾は、水を吸うと発芽の準備が始まります。一般的には、水分が13％以上になると種籾の胚の呼吸が盛んになり、細胞分裂や伸長が盛んになるといわれています。そうした種籾の発芽条件を満たして発芽を促し、播種前に人為的に1㎜ほど幼芽を出させておくことを、催芽といいます。種籾を催芽させることは、播種後の生長を均一に保つことにもつながります。

種籾を催芽させるために行うのが、種籾を水に数日間浸す浸種《しんしゅ》です。種籾を水に浸しておく日数は、積算温度が100℃になるまで、という考え方を目安にします。積算温度とは「種籾を浸している水の

育苗

浸種した種籾をまく

温度×日数」のことで、例えば水温が20℃であれば「20℃×５日＝１００℃」なので５日間、12℃であれば「12℃×８・３日＝99・６℃」なので８～９日浸種すればよいことになります。
　ぬるま湯で浸種を行い短期間で催芽させる方法もありますが、水温が高いと催芽の状態が不ぞろいになりやすい傾向があります。そのため羽咋では10～15℃の低水温で７～10日間かけて浸種しています。

育苗

　自然栽培では苗を標準より大きめに育てており、生えた葉の葉齢が３・５～４葉になった状態を目安に生育させています。そのため育苗日数は、慣行栽培では約30日ですが、自然栽培では50～55日ほどかけて育てます。

　また、羽咋の自然栽培では、苗をこれから植える田んぼの土と同じ生育環境で育てるため、田んぼの土に米ぬかと燻炭を混ぜて発酵させた土（培養土）を使って育苗します。培養土のつくり方は、「来年への準備」の項（１６０頁）で紹介しています。

種まき・育苗の手順

❶育苗箱を用意します。田んぼの面積が10a（一反＝1000㎡）当たり20箱ほどになります。

❷育苗箱に土を敷きます。培養土と燻炭を1対2の割合で混ぜたものを使うと、軽量化して持ち運びが楽になるだけでなく、根張りが良好になり稲の育成が促進される効果があります。

❸浸種した種籾を育苗箱にまきます。田植え機を使用する場合、一般的に一箱当たり80～100gの種籾（乾燥状態）をまきます。浸種した種籾は水を含んでおり、乾燥状態の1・3倍の重さになっているため、104g（80×1・3＝104）を目安にするとよいでしょう。

❹播種した育苗箱を並べて散水し、ミラーシートなどをかぶせて保温します。その後、ときおり散水しながら、葉が3・5～4葉になるまで育てます。気温はなるべく一定に保ちたいので、ビニールハウスなどを使って育苗するのもよいでしょう。

田起こし

田起こしを行う理由

田植え前に田んぼの土を起こし、土を乾燥させることを田起こしといいます。自然栽培では、1か月以上乾燥させています。

田んぼを1か月以上乾燥させるねらいは、土の中に空気を行きわたらせ、好気性菌の活動を促すことです。また、土の中にたくさんの空気が含まれていると、稲の根の生長も促進します。さらに球根系雑草のコナギなども、2週間程度の乾燥で抑制できます。これらの効果を乾土効果と呼びます。米づくりにはこの作業がとても重要で、その後の生育や収量にも大きく作用します。

自然栽培の田起こしの特徴

自然栽培の田起こしでは、慣行栽培と比べて土を粗く起こします。起こした土が、直径10㎝以上のゴロゴロの状態になるように粗く起こします。田起こしした直後は地表はデコボコしていますが、1か月後には地表の凹凸はなくなります。

田起こし

粗く田起こしをすることは、土をより乾燥させることにつながります。以前、羽咋の実践田で耕起の状態での乾燥状態の比較実験を行ったところ、細かく田起こししたところでは表面しか乾いていませんでしたが、粗く田起こししたところでは土塊全体が乾燥していました。

粗く田起こしすることによって、田んぼの土中で発生するメタンガスなどが抜けやすくなり、稲の根の発育にもよい影響があります。

また、自然栽培では田植え後にチェーンによる除草を行いますが、粗く田起こしすることでチェーンが泥に深く沈むことがなくなります。引っ張る力に負担がかからないので、除草しやすくなります。

田起こしの手順

❶ロータリーの刃を抜き、粗く起こせるように調整します。

❷ハロー（均平板）を上げ、ロータリーの回転速度を遅くして、速く走行するようにします。

❸トラクターで一度走ったところは、走らないよ

うにします。やり残した箇所はスコップで浅く起こします。

田起こし前にも田を乾燥させることが大切

乾土効果を最大限発揮するためには、田起こし前から田んぼにひびが入るくらいにまで乾燥させておくことが大切です。水はけの悪い田んぼでは、排水性を良くするために明渠・暗渠をつくり、なるべく乾燥させておきます。

また、田起こし前に田を乾燥させておくことは、田起こしの作業をより効率的にする意味もあります。じゅうぶんに乾かさずに田起こしをすると、湿った土がロータリーの刃に粘りつき、作業効率が悪くなります。また、トラクター走行時に湿った土を押し固めてしまいます。湿り気を帯びたまま固まった土は、いつまでも乾燥しません。このため土中にじゅうぶんな空気が行きわたらず、雑草の種が生き残り、繁茂することになります。

代かき

自然栽培の代かきは浅く行う

田植えの3日前に田んぼに水を入れ、田んぼの土を平らにする作業が代かきです。代かきは、田んぼの水漏れを防ぐこと、苗の定着を均一にすることなどが目的です。

慣行栽培の代かきは一般的に、水を土の表面まで入れ、トラクターでていねいに深く土をかき混ぜることで、とろとろの泥の層をつくります。深くかき混ぜることには、雑草も一緒に泥に練り込むといった理由もあります。

一方で自然栽培の代かきは、土の表面から3～5㎝程度になるように水を多めに入れ、土の表層だけをかき混ぜます。その理由は、土中が酸欠状態になることを防ぎ、分げつ時期のガスの発生を抑えるためです。

また、雑草を水没させることで生育を断ち、代かきによって水面に浮かんだ雑草も流して取り除きます。つまり代かきは、除草作業の一つなのです。このように自然栽培では、一つの作業の副次効果を利用するなどの発想を大切にしています。

図3-2　代かきのポイント

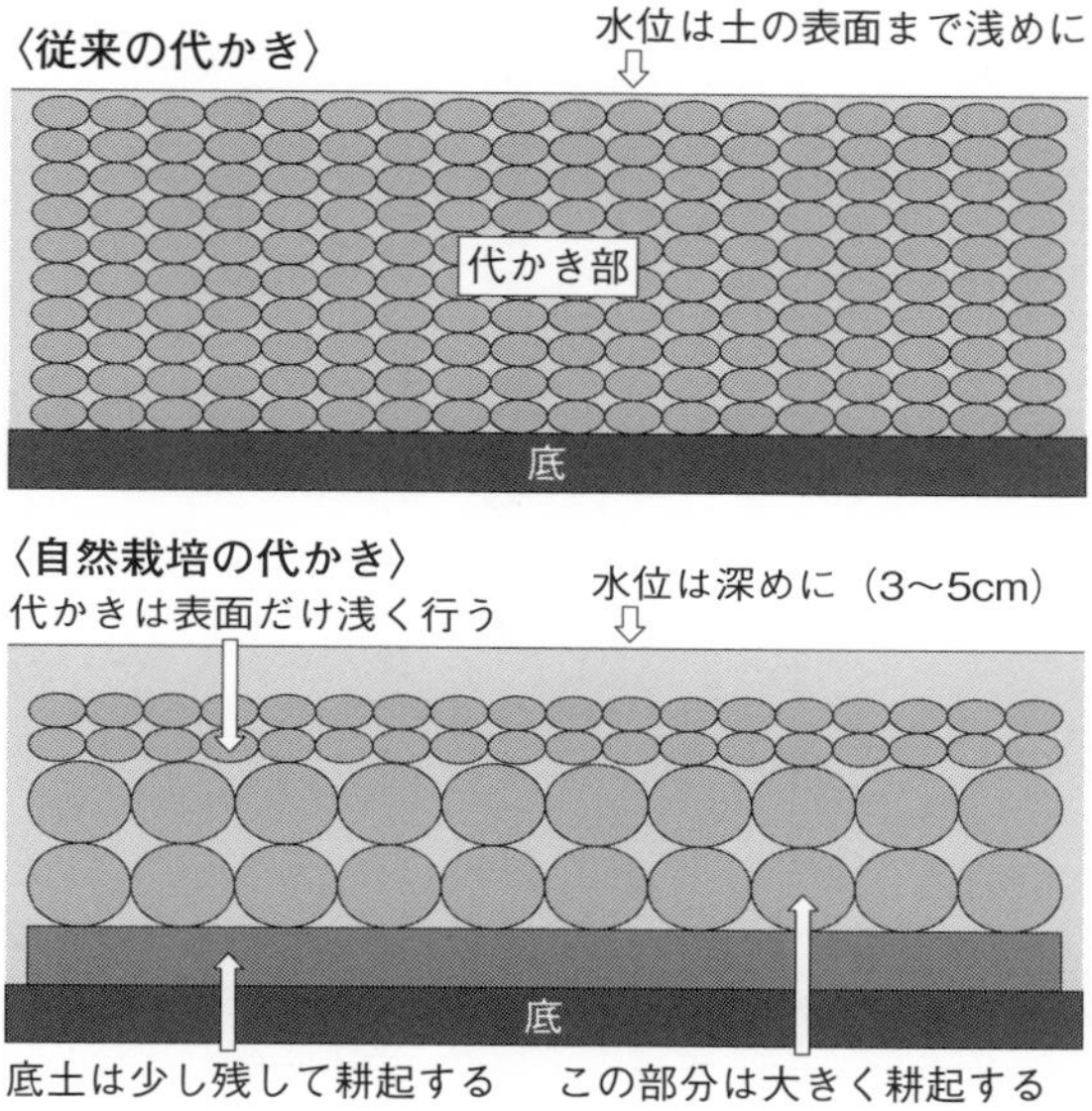

代かきの手順

田起こしでつくった大きな土塊を、なるべくつぶさないように浅く、かつ粗く行います。支障なく苗が植えつけできる程度に代かきできれば問題ありません。

❶田んぼに、土の表面から3～5cm程度になるよう多めに水を入れます。

❷ロータリーの速度を使う機種のいちばん速くか、その次の速度に設定し、土の表面だけをかき混ぜるようにロータリーを半分以上上げて走行します。トラクターの走行速度も早めにします。トラクターで一度走ったところは、走らないように心がけます。自然栽培の代かきは、1反行うのに30分かからないで終わることもあります。

❸泥が沈澱した後、浮いた雑草を外に流し出します。除草効果を高めるため、田植えの10日前と3日前の2回（もしくは3回）、代かきを行うやり方もあります。

田植え

自然栽培では疎植を推奨

自然栽培の米づくりでは、植え方は疎植、すなわち株間をとって粗く植えています。

坪当たり33～40株植えで、苗は一株当たり2～3本植えを推奨しています。

疎植の目的は、根の生育スペースを確保して稲同士の養分の取り合いを防ぐこと、それぞれの稲に日光がよく当たるようにすることで、分げつを促し、稲の茎を増やして穂の数を増やすことです。分げつして増えた茎のいくつかは生育途中で立ち枯れ（無効分げつ）ますが、疎植を実施する自然栽培では、これが少なくなります。

また自然栽培では、蒸れが稲の病気の大きな原因ととらえています。疎植は、稲のまわりの水分の蒸発を促進させ、風通しを確保する効果があり、過剰な湿気による蒸れを防ぎ、イモチ病などの予防になります。

さらに疎植することで、植える作業のコストや労力を抑えることにもつながります。

田植えの手順

❶田植えは、代かきの3日後に行います。早過ぎると苗が抜けてしまいます。

❷疎植できる田植え機の機種は限られるため、田

案内板の奥で田植え

田植え

植え機がＵターンする際、稲株の列間を広くとるよう工夫します。株間は、使用する機械の最大幅に調節します。爪が２本動くのであれば、１本は噛まないようにするなど工夫します。

❸疎植の効果を高めるため、自然栽培では補植はあまり行いません。

田植えのコツ

田植えは、天気の良い日を選ぶのが基本です。雨などの悪い条件で田植えを行うと、欠株が増え、苗の根つきも悪くなります。また、雨が降ると苗箱が水を含んで重くなり、田植え機の爪が１回でつかむかき取り量が多くなってしまいます。やむをえず雨の日に田植えを行う場合は、苗箱をビニールで覆うなどして雨に当てないことや、かき取り量の調整を行うとよいでしょう。

水管理・除草

水管理

水管理は、収穫まで続く大切な作業です。水管理の方法が悪いと、稲の生長不足や雑草の繁茂を招きます。さらには稲が倒れたりして、減収につながるおそれがあります。

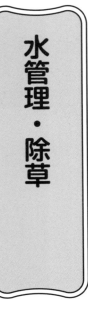

水管理のプロセス

❶田植え後20日間くらいの稲が根づく活着期は、水位が5～6㎝になるようにします。水位を高く保つことにより、稲の生長を妨げるヒエなどの雑草を抑えることができます。

❷株数が増える分げつ期に入ってからは、水位を2～3㎝にします。これは、稲の葉の1枚目と2枚目の間に出る茶色い線が目安になります。また、気温が高い日の日中は、田んぼの中の水を「かけ流し」にし、夜は水を止めて保温します。水をよどませないことが大切です。

❸田植えから40日過ぎた頃を目安に、数日置きに乾燥と水をためる湛水を繰り返す間断灌水を開始します。間断灌水を行うことで、田んぼの土壌中に適度な水分と酸素を与え、稲の根の生長や分げつを促します。根腐れを防ぎ、根の生育を妨げるメタンガスの発生を抑制する効果もあります。

❹4～5割の稲から穂が出てくる出穂期の前後は、特に水を必要とするので、水を絶やさないように気をつけます。

❺刈り取り準備の、田んぼの水を抜く作業（落水）は、できるだけ遅い時期（収穫の1～2週間前）に行います。

除草

自然栽培の米づくりで大きな問題となるのが除草ですが、適切に除草作業を行うことにより、じゅうぶんに雑草は抑えられます。稲が小さい段階で生育の妨げになる雑草を除草し、分げつが盛んになる前

チェーン除草

に除草は完了させます。

自然栽培では、田んぼの中でチェーンを引きずり、水に草を浮かせて抜くチェーン除草が基本です。

チェーン除草の効果

チェーン除草とは、繰り返し述べますが田んぼの中でタイヤのチェーンを引きずる除草方法です。チェーンが水をかくことで、草を水面に浮かせて流し、雑草の繁茂を抑える仕組みです。チェーンは、農機に取り付けたり、人力で引きます。

開始時期は、田植えから1週間以内が目安となり、1週間ごとに3～4回繰り返します。1回目は軽自動車用などの細いチェーン、2回目以降は主に2t車用の太いチェーンで除草すると効果的です。

なお、チェーン除草には稲の株にチェーンの刺激を与え、より強くさせる効果もあります。田んぼのガス抜き、水中への酸素供給、害虫対策などの効果も期待でき、結果として増収も見込まれます。

チェーン除草の手順

❶普段より水を少し多めに入れ、田んぼの中でチェーンを引きずります。

❷水面が澄んできたら、少しずつ水を排出し、雑草を流します。

チェーン除草終了後は、分げつした根を痛めないこと。害虫を捕食するクモの巣を多く張らせるため、基本的に田んぼの中に入らないようにします。

害虫対策

多様な生物に退治してもらうのが基本

自然栽培の米づくりでは農薬を使用しないことで、田んぼに多様な生物が数多く生息する環境をつくりだし、害虫の天敵となる昆虫などに害虫を退治してもらうことが基本です。実際に、慣行栽培の田んぼに比べて害虫の被害が少ない傾向にあり、羽咋の実践田でもカエルやクモなどが、カメムシやウンカなどの害虫を捕食する様子が見られています。

しかし、それでも害虫の被害にあってしまう可能性もあるため、農薬以外の方法で対策を打っておくことも必要となります。外部から害虫が入ってこないよう、あぜ際に稲を植えないことも有効です。

自然栽培で警戒すべき害虫

自然栽培の米づくりをする際に警戒しなくてはならない害虫の代表として、稲の葉を食害するイネミズゾウムシとイネドロオイムシ、稲の穂の汁を吸うカメムシ類があげられます。不良米と呼ばれる斑点米は、カメムシが穂を吸害することで発生します。

イネミズゾウムシ　成虫の体表面は灰褐色、背面に黒色の模様があり、触角は赤褐色の棍棒状。体長約3㎜。雌のみで繁殖し、年1回発生します。成虫のまま越冬し、田植えが始まると次々と田へ移動し、稲の葉を食害します。また幼虫は根を食害し、稲の生育を妨げます。

イネドロオイムシ　成虫の体表面は青藍色で胸部が黄褐色、体長4～5㎜。幼虫は洋梨型で、いつも自分の糞を背負っているため、ドロオイムシという名がつけられています。年1回発生し、成虫のまま越冬します。被害が大きいのは幼虫で、稲の葉や茎を食害します。かすり状の食害痕を残し、大量発生すると田んぼ全体が白っぽくなってしまいます。

カメムシ類　斑点米を発生させてしまう可能性があるカメムシは10種ほど。普段は雑草地で生息し、田んぼでは、出穂が早いあぜ際の稲に多く生息します。出穂後にあぜの雑草を念入りに刈ると、かえって被害が大きくなってしまいます。

葉を食する害虫対策と手順

稲の葉を食する害虫の対策として、田んぼに使用済みの古いてんぷら油（100％自然由来のもの。新しい油は、水面に広がりにくいので使用しない）を投入します。これは、水中から呼吸するために上がってきた害虫に油が絡みつき、呼吸を止めて撃退する方法です。田植え後、実際に害虫を発見してから対策を実施し、およそ1週間から10日置きに、計3～4回投入します。

ただし、この対策を頻繁に行うと、水中への酸素の供給が油膜により遮断され稲の生長を止めてしまう可能性があるので、注意が必要です。

❶田んぼの排水口を閉め、田んぼの土壌表面が露出しない程度の水をためてから、1反当たり5～10ccほど油を投入します。油は少しの量でも田んぼの隅々まで広がります。

❷油を投入後、24時間は放置します。

❸翌日、田んぼの水を排出します。

穂の汁を吸う虫対策と手順

稲の穂の汁を吸うカメムシ類の対策として、穀類などを発酵させてつくった醸造酢（米酢や合成酢酸を水で薄めてつくった合成酢は使用しない）を、水で薄めて散布します。散布液自体に殺虫効果はありませんが、害虫が酢のにおいを嫌うので寄りつかなくなる効果があります。

醸造酢と一緒に、炭をつくる際に採取した竹酢液や木酢液を混ぜて散布すると、酢だけを散布するより、長期間にわたって効果が続き、効力も高くなります。そこで散布液は、醸造酢と竹酢液（または木酢液）を1対2の割合で混ぜ、約1000倍に希釈してつくります。

❶散布液を用意し、稲の穂が出る前に散布します。

❷稲の花の咲き終わりを確認した後、再び散布します。

収穫・乾燥・調製

収穫適期

収穫（稲刈り）は、穂の節から出た枝（枝梗《しこう》）がすべて黄色くなった頃が適期です。見きわめが不慣れなうちは、籾水分を水分計で測り、25％前後になったら収穫するようにしておくとよいでしょう。

自然栽培の収穫の適期は、慣行栽培に比べて遅くなる傾向があります。これは、慣行栽培が一気に着花するのに対し、自然栽培では日照条件など気象条件によって水稲が自ら出穂の時期を定めて順々に着花していくため、着花初期と後期では大きな時間差が生じてしまうからです。

そのため、収穫適期の判断は、稲の黄化率（田んぼ全体の籾の黄化した割合）が80～90％を目安にしている慣行栽培に比べて、遅刈りを意識します。

早く収穫し過ぎると米が成熟前で、青米（緑色の玄米で出穂期が遅れた米の状態のもの）が多くなり、収穫量が少なくなります。出穂の時期が長く分散する傾向がある自然栽培では、結果的に青米が多くなりがちとなります。

逆に、収穫が遅れると収量は増えますが、籾が熟れ過ぎて米の色やつやが悪くなり、品質や食味が低下してしまいます。

収穫の手順

❶収穫の1～2週間前に田んぼの水を抜いて落水させ、稲刈り機やコンバインが入れるようにしておきます。

❷稲刈り機やコンバインを使って稲刈りする場合は、まず四隅を手刈りします。

❸稲刈り機やコンバインを使って刈り取ります。倒れた稲は傾いた方向に沿って追い刈りを行い、ぬかるんで農機が入れない部分は手刈りします。

乾燥・調製

羽咋では一般的に、コンバインで稲刈りと脱穀を同時に行い、稲刈り後すぐに機械乾燥にかけ、籾すりして玄米にし、低温倉庫で保管しています。

収穫した玄米の中には、刈り取り時期が早くまだ熟していない青米や、デンプンの蓄積が不足した乳白米、カメムシによって吸害されてできた斑点米などの不良米と呼ばれ販売することができないものがあります。

青米は、コンバインを使用せず稲刈り後にはざ干しをすることで、多少改善させることができます。

収穫

脱穀、乾燥・調製

来年への準備

苗床用の培養土づくり

羽咋の自然栽培では、苗をこれから植える田んぼの土に、米ぬかと燻炭を混ぜて発酵させた土（培養土）を使って育苗します。これを米ぬか発酵法といいます。

自然栽培の米づくりでは、田んぼの土に生息する有用な微生物などのはたらきを生かすことを重視しています。育苗にこれから植える田んぼの土を使用するのは、苗にこれから育つ田んぼの土の環境に慣れてもらうためです。木村秋則さんによる実証実験では、これから育つ田んぼの土を使った培養土で育てた苗と、そうではない苗を一緒に植えてみたところ、培養土で育てた苗のほうが10日くらい生長が早かったそうです。

この培養土は、8月頃につくるのが理想です。発酵させて培養土をつくる理由は、有用菌の発酵熱を利用して、カビなどの苗づくりに有害な菌などを死滅させることです。夏に作業すると気温が高いので発酵が早く、作業がはかどるのです。冬場につくってもかまわないのですが、発酵に時間がかかる、発酵温度が上がりにくいといったデメリットがあります。羽咋市では、用意した培養土に白カビが繁殖してしまい使えなかった経験がありますが、これは発酵温度が低く、白カビなどの菌類を死滅させられていなかったことが原因と考えられます。

また、この培養土を8月頃につくる理由の一つには、ちょうど農作業が一段落して手があく時期、ということもあります。

米ぬか発酵培養土づくり

準備するもの

素材　田んぼの土（生息する微生物が多い表層部分のもの）、米ぬか（土の発酵促進のために使用）、燻炭（籾殻を蒸し焼きにして炭化させたもの。土の発酵促進のために使用）、細かくしたわら（水分調整と土の発酵促進のために使用）、水

培養土120kgで苗箱100枚程度の量になります。田んぼの土と米ぬかの量の割合は2対1程度とします。燻炭は、土が足りない場合に土の量の20%程度まで加えます。

資材　ビニールシート（培養土の山をじゅうぶんに覆える大きさ）、温度計、ハツカダイコンの種（培養土の完成チェック用）、米袋（保存用）

行う場所

排水の良い場所。土の上がいちばん良いのですが、コンクリート上などで作業する場合は、穴のあいたシートを敷いて、水が抜けるようにしておきます。

❶1段目に土を高さ30cmほど積み、その上に米ぬかをのせます。燻炭を加える場合は、厚さ1cm以内にとどめます。

❷2段目に土を積み、水分量が50~55%になるように水をかけます。これは、水をかけた表面の土をにぎり、指から水がしみ出してくるかこないかくらいが目安となります。水分量が多過ぎた場合は米ぬ

かを加えて調整しますが、土の量より多くならないようにしましょう。その後、水分調整のためのわらと米ぬか、燻炭をのせます。

❸3段目以降は、2段目と同じことを繰り返し、最後の段には土だけのせます。山の高さは、後の切り返しなどの作業がしやすい1m50㎝程度までにとどめておくとよいでしょう。

❹できあがった山にビニールシートをかけて覆い、裾を固定します。温度を見るために温度計も挿しておきます。

育苗用の培養土

❺土の温度が70℃になったら、土全体を均等に切り返します。順調であれば1週間～10日で70℃に到達します。放置し過ぎて80℃以上になってしまったら、水をかけて温度を下げます。切り返した後は再びシートで覆います。

❻温度が落ち着いたら、植木鉢などに培養土をとり、用意した種をまいてみます。これが順調に発芽すれば培養土の完成です。

❼米袋などに入れ、通気性を良くするために口を開けたまま暗所で保管します。

簡易的な培養土づくりの手順

この育苗用培養土ですが、土と混ぜてつくるのはなかなか難しいため、もっと簡易的につくる方法もあります。最初に米ぬかと籾殻だけで発酵させて、後で土と混ぜてつくる方法です。

準備するもの

素材　米ぬか、籾殻（あれば燻炭）

資材　温度計、ビニールシート（色は透明がよい）

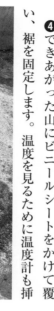

つくり方

❶米糠と籾殻（燻炭）を1：1～2の割合で混ぜ、山にします。

❷上から水をかけ（水分量50～55％）、ビニールシートで覆います。

❸2～5日で温度が70℃くらいになったら、全体をよく切り返します。

❹②～③を4～6回繰り返し、温度が上がらなくなったら完成です。

なお、使用する際は、培養土1に対して土が1～4くらいの割合でよく混ぜて使用します。

稲刈り後の田んぼの処理

わらは放置せず風化を促す

自然栽培では、稲刈り後にわらをすき込む秋起こしを行わず、代わりにわらを散らす作業を行います。

コンバインで稲を刈ると、わらは田んぼの四隅にたまり、そのまま放置しておくと風化せずに生のまま残ります。生わらは水に浮くため、田植え作業の邪魔になってしまいます。また、初夏の気温上昇とともに発酵してガスを発生させ、稲の生育を弱らせてしまいます。

これらを防ぐためにわらは放置せず、収穫後の空気が乾燥した日を選んで田んぼに均等に散らして風化を促しておきます。この作業を、春に田んぼが乾くまでに3～4回、わらが枯れて灰色になるまで繰り返します。

春に田んぼを乾燥させるための準備

田起こしの前の1か月以上前から、乾土効果を高めるために田んぼの土を乾燥させます。そのための準備として、水はけの悪い田んぼでは、ふたのない排水溝（明渠）や、土管などを用いた排水溝（暗渠）を敷設しておきます。

（まとめ協力・村田央）

第4章

自然栽培の果物づくり

砂山 博和　ほか

収穫期のマスカットベーリーA

〈蔓性落葉果樹〉ブドウ科

生食ブドウ

砂山ぶどう園　砂山博和

自然栽培事始め

おいしいブドウを追い求め、ブドウの自然栽培を始めました。

当家ブドウ園は、祖父が1950年にデラウェアを定植してから始まりました。栽培方法は、農薬、堆肥、化学肥料を使用する一般的な慣行栽培でした。わたしは2013年に母からブドウ園を引き継ぎましたが、母が農薬散布後体調を壊すので農薬不使用で栽培することにしました。加えてブドウの雑味や後味がとても気になっていました。

自然栽培は、2013年、JAはくい（はくい農業協同組合）の「のと里山農業塾」開塾に合わせ入塾し学びました。ブドウの自然栽培は、2015年から農薬に加え肥料、除草剤を使わない「はくい式自然栽培」に取り組んでいます。

自然栽培に切り替えてから雑味が消え、後味がさわやかなおいしいブドウがつくれるようになりました。

素顔と栽培特性

自然栽培ブドウは、種なしにするジベレリン（植物ホルモンの一種。単為結果させて種ができないようにしたり、生長を促進したりする）を使わないため、種ありブドウになります。

種ありブドウは、種なしブドウと比べ深い味わいとコクがあり、甘みと酸味のバランスが良いなどのおいしい特徴があります。また、種ありブドウは完熟させることで、さらにおいしくなります。種なしブドウは完熟する前に脱粒するため、完熟ブドウがつくれません。

種ありブドウの栽培は、種なしブドウと比べ花ぶるい（開花しても受精せず、着果しない）やショットベリー（小粒果）が多くなり、きれいな房に仕上げることが難しいところがあります。加えてブドウの自然栽培は、土壌、病害虫、気候の影響が品種ごとに異なり、さらに難しさを感じています。収穫量は、品質確保のため慣行栽培の半分にしています。慣行栽培から自然栽培に切り替えてから毎年変化するブドウの生育状況を観察し、品質と経済性向上を目指し、栽培法をブドウに聞きながら探っています。

系統・品種

ブドウは、果物の中でも歴史が古く世界で最も多く栽培されています。ブドウは、欧州種、米国種、欧米雑種に大別されています。

欧州種は、品質が優良でワイン醸造用として世界で最も多く栽培されています。しかし、日本は雨が多いため、病気に弱い欧州種の自然栽培は、雨よけ栽培でも難しいといわれています。

米国種と欧米雑種は、欧州種より病気に強く自然栽培に適した品種があります。

自然栽培に適した品種選びは、慣行栽培と比べ作業工程数が多くなるため、病気に強く裂果しにくく、耐寒性など栽培の容易性に加え、市場評価、品質、出荷量（経済性）などを考慮して選びます。

当園で栽培している主な品種は次のとおりです。

欧州種

ロザリオビアンコ

果粒は緑黄色で粒の大きさは10～15g。糖度は20度以上になり、とてもおいしいです。

当園に樹齢40年の老木があり、慣行栽培では収穫できましたが、自然栽培に切り替えてから灰色かび病のため、収穫できなくなりました。欧州種の中では病気に強いといわれているので、毎年病気対策をいろいろ試していますが、収穫は数房程度です。

欧米雑種

デラウェア

果粒は濃い赤色で粒は2g弱と小粒、甘みが強く酸味は少ないです。病気に強く花ぶるいも少なく、自然栽培に適しています。果房が大きくなると果粒が込み合い裂果するため、果粒の生長を見ながら数回摘粒をします。8月下旬から収穫を始め、9月下

マスカットベーリーA

樹齢60年のマスカットベーリーA

旬以降完熟します。

マスカットベーリーA

果粒は黒色、粒の大きさは6～8g。甘みと酸味のバランスが良く病気に強く、花ぶるいも少ないことから自然栽培に適しています。日本ではワインの主要品種として多く栽培されています。生食としても評価が高いです。

当園に樹齢60年の老木が数本あり、自然栽培に切り替えて以降もおいしいブドウが収穫できています。9月下旬から収穫を始め、10月中旬頃から完熟します。完熟ブドウの生ジュースは甘みと酸味が絶妙で、感動のおいしさです。

安芸クイーン

果粒は美しい赤色、粒の大きさは13～15g。香りが良く濃厚で食味は抜群に優れ、市場人気も高いです。裂果がないのですが花ぶるいがあるため、開花前に房づくりをするなど結実確保の方法を探っています。9月上旬から収穫しています

ブラックオリンピア

果粒は紫黒色、粒の大きさは13～15g、食味も良く

病気に強いです。花ぶるいがあるため、結実確保の方法を探っています。9月中旬から収穫しています。

シャインマスカット

果粒は黄緑色。粒の大きさ15～17g。糖度は19～

安芸クイーン

ブラックオリンピア

22度と高く酸味、渋みが少ないです。肉質は硬く独特の香りがあり、多汁で皮ごと食べられ、人気のブドウです。花ぶるいがあるため、樹勢を見ながら房づくりをします。

ノースレッド

果粒は赤褐色、粒の大きさは４g程度、房重は２５０～３００g。糖度は17～19度、食味も良く甘みが強く酸味が少ないです。８月下旬頃に成熟。耐寒性に優れ、病気にも強くつくりやすい品種です。

ノースブラック

果粒は紫黒色、粒の大きさは４g程度、房重は２５０～３００g。糖度は16～18度、食味は酸味が少なくおいしいです。８月下旬以降成熟します。ノースレッド同様、耐寒性に優れ、病気にも強くつくりやすい品種です。

育て方のポイント

ブドウ栽培の必要条件

栽培適地の気温は平均10～20℃なので、品種を選

図4-1　自然栽培の生食ブドウ栽培暦

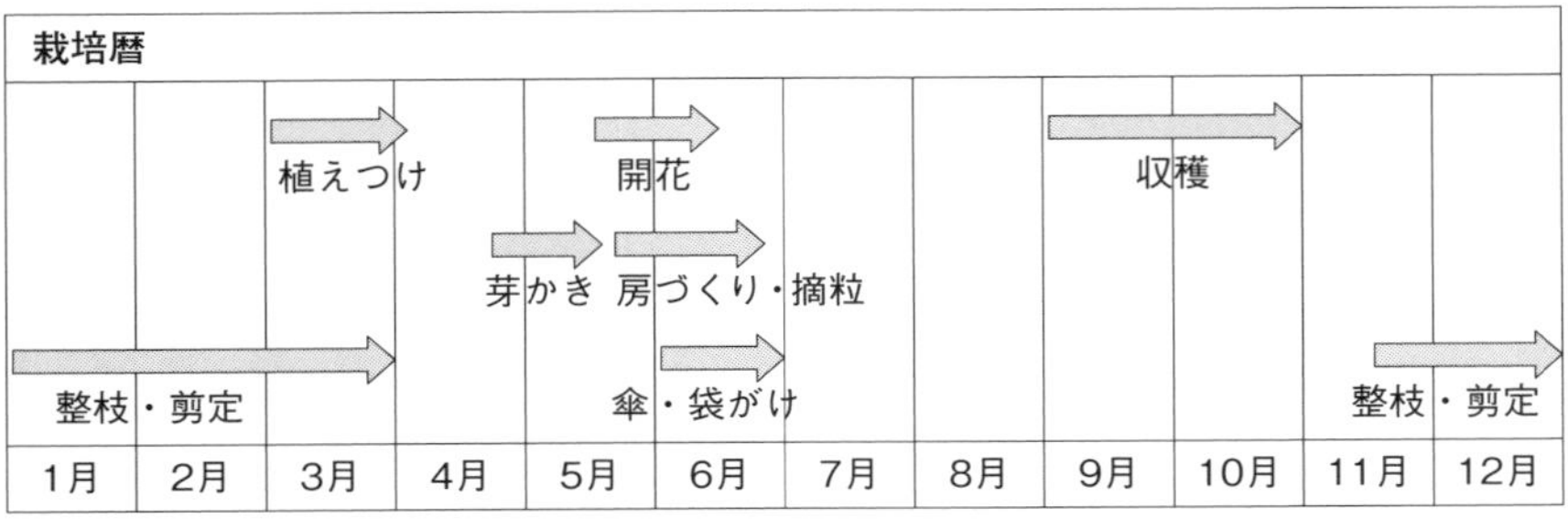

べば日本国じゅうどこでも栽培が可能といわれています。

土壌は、日当たりと水はけが良いことが大切です。水田など水はけが悪い農地は、深く溝切りすることで栽培できます。

当園は砂地（浜砂）で水はけは良いのですが地力（保肥力）が弱いため、自然栽培に切り替えるため廃菌床、広葉樹チップを投入し数年かけて土壌改良しました。また、雨が多い地域のため、雨よけ（ハウス）栽培をしています。また、保水力も弱いため、散水設備は必須です。

植えつけ

日当たりが良く水はけの良い場所を選んで、3月頃に植えつけます。直径1m、深さ30㎝程度の穴を掘り、穴の中央に盛り上げます。植えつけは、接ぎ木部位より上部に土がかからないようにします。切り返しは、地上部30～50㎝程度で行います。ブドウは蔓性なので、枝を展開させるためのブドウ棚なども用意します。

整枝・剪定

整枝・剪定は、樹が休眠に入る12～3月の間に行います。収穫後、寒くなる前に剪定する方も多いです。

剪定の仕方は、作業の単純化、省力化が図れる短梢剪定がありますが、自然栽培では長梢剪定が良いといわれています。

長梢剪定は、理解や習得が難しく、翌年の品質にも影響するため、熟練するには多くの経験が必要とされます。詳しくは剪定の専門書や講習を受けられることをおすすめします。

芽かき

種あり栽培の芽かきは、樹勢が強いと花ぶるいが心配されるため、樹勢を落ち着かせ結実を重点に複数回に分けて行います。葉っぱが2~3枚の1回目は、不定芽や強い枝は少なめに芽かきします。2回目は、葉っぱが7~8枚のときに副芽や極端に強い新梢を整理します。3回目は結実を確認した後、新梢の込み具合を見ながら調整します。

花かすを落とす前の房

花かすを除去した房

摘房・摘粒

大粒の品種は1新梢1花穂が基本ですが、樹勢が強い場合、摘房を遅らせ新梢の伸びを抑えるなど花ぶるいを抑制する管理が必要です。小~中粒品種は花ぶるいの心配が少ないこともあり中粒品種は1新梢1花穂、小粒品種は1新梢2花穂にしています。単位面積当たりの房数や1房の粒数が多いと、着色不良や低糖度を招きます。自然栽培の房数は、慣行栽培の半数程度にしています。

花かす落とし

満開時に花かすをできるかぎり除去します。花かすが残ると、ブドウ粒に跡がついたり、裂果の原因、灰色かび病の感染源になるといわれています。

房づくり

房型の整形と花ぶるいを減らすため、房づくりをします。開花始めの1週間くらい前から花穂を上から切り下げ、花穂の下部を切り詰めます。小粒品種は10～11㎝、大粒品種は7～8㎝にします。

傘かけ・袋かけ

房づくり後、すぐ傘かけと袋かけをします。傘と袋を一房ごとかけます。袋かけは、病害虫害対策として有効です。傘かけは、日焼け防止が目的です。

傘かけ、袋かけの安芸クイーン

草の管理

草生栽培をしています。効果は土壌の乾燥を避け、保水力向上と散水量も減らすこともできると、いわれています。草刈りは定期的にハンマーナイフモア（草刈機）で行い、有機質肥料として活用しています。

鳥獣害対策

鳥獣被害対策として、防鳥ネットをハウス全体にかぶせ侵入を防いでいます。防鳥ネットをかぶせると鳥獣被害がなくなりますが、害虫が増える傾向があります。

病害虫対策

病害虫対策は、袋かけが有効と感じています。房づくり後、袋かけをすることで虫の混入、害虫卵の産みつけを防いでいます。袋かけ以降　袋の中に虫の混入がないか定期的に確認しています。

気象災害対策

近年、果粒肥大・成熟期（7～9月）に日照不足、長雨、低温被害が発生するようになりました。

日照不足、長雨によって着色不良や低糖度が顕著に現れます。

この対策は、房数を減らす以外ないと考えています。房数は、慣行栽培の半分と紹介しましたが　状況により半分以下にする必要もあると考え始めています。

雨よけハウス（側面には防風ネット）

■出荷・販売

出荷は、品種ごとに時期が異なりますが、食味と糖度18度程度を確認し、行っています（8月下旬〜10月下旬頃）。完熟ブドウは糖度20度以上を確認し出荷しています。

販売は、近隣の道の駅やＪＡの直売所などで行っています。その他ネット販売も行っています。

房の形が悪い、重量不足など生食販売できないブドウは、11月上旬まで樹成り完熟させてから干しブドウに加工しています。

■石川県宝達志水町

〈参考文献〉
『自然農の果物づくり』川口由一監修（創森社）
『図解よくわかるブドウ栽培』小林和司著（創森社）
『葡萄の郷から』（公益社団法人山梨県果樹園芸会）

〈蔓性落葉果樹〉ブドウ科

醸造ブドウ

相良農園　**相良京子**

自然栽培事始め

わたしの農園は、山梨県甲府市の東南部にあります。夫の両親が、昭和30年（1955年）代前半から従来の田畑をブドウ園に転換してきました。以来、60年以上にわたりブドウを栽培し続けています。

義父亡き後、別に仕事を持つ夫と義母が畑を守ってきましたが、義母が高齢になり農作業が難しくなった頃から、わたしが農作業に携わるようになりました。

2022年の今年で11年目になります。当初は、ブドウ栽培のことがなにもわからなかったので、山梨県立農業大学校の週末研修に2年間通い、栽培技術を学びました。

夫の実家は、一般的な慣行栽培でしたので、農薬などに敏感に反応してしまうわたしは、畑に入るのがだんだん辛くなりました。また、子どもの頃から自然が大好きで、かなりの「虫愛でる姫」で、自然と共生したいと思っていたので、わたしが農薬を直接散布するわけではありませんが、それを許している自分に矛盾を感じ、どこか心苦しいところがありました。

その頃、リンゴの自然栽培を実現した木村秋則さんが有名になり、わたしも本を何冊か読み、自然栽培にとても共感しました。

もう畑に入るのが辛く限界だと思った頃、一か所のマスカットベーリーAのブドウ園（約5畝）を無農薬・無肥料とすることを夫に理解してもらうことができました。2015年のことです。

その翌年には、無農薬マスカットベーリーAを委託醸造してワインをつくりました。試飲した夫は、一言、

「ふーん。無農薬・無肥料の畑をもっと広げていいよ」

それからは、無農薬栽培の畑が広がり、現在は約

1町歩あるブドウ園のうち、6割相当の6反が無農薬・無肥料、不耕起で、ジベレリン処理を行わない種ありで栽培しています。また、雨よけ施設がない露地栽培で、ブドウ栽培の先人たちが行ってきたように、一房ごとにブドウ傘をかけるだけです。

砂漠地帯が原産地といわれるブドウは、雨が苦手ですが、梅雨も受け入れて、自らの力で風雨を乗り越えてきた生命力あふれるブドウを原料にした自然ワインを、日本ワイン発祥の地である「甲府」から発信していきたいと思っています。また、土中環境が整い、畑全体が循環し、調和している様子を見たいと思っています。

素顔と栽培特性

ブドウは、世界で最も広範囲に栽培される蔓性の落葉果樹です。現在、世界じゅうで1万品種あるといわれています。また、ブドウは、気候や風土に対する適応性が広いので、品種を選べば日本じゅうどこでも栽培できるのが特徴です。

醸造用ブドウは、世界の総生産量の80％を占めています。日本では、主に生食用で栽培されていますが、近年はワインブームもあり、ワイナリーが増え醸造用ブドウの栽培が盛んになってきています。

系統・品種

ブドウは、欧州ブドウ、米国ブドウ、アジア野生ブドウの特性の異なる3大ブドウ群種がルーツで、欧州種と米国種を交配させた欧米雑種がたくさんつくられています。

醸造用ブドウの品種は、世界的には、白ワイン用はシャルドネ、ソーヴィニヨンブラン（いずれも欧州種）など、赤ワイン用はカベルネソーヴィニヨン、メルロー、ピノノワール、シラー（いずれも欧州種）などが有名です。

日本で多く栽培されている醸造用ブドウ品種は、次のとおりです。なお、わたしの農園では、マスカットベーリーAを醸造用と生食用として無農薬・無肥料で栽培しています。

甲州

日本の在来品種で800年以上の歴史があり、世界的にも注目されている白ワイン用品種。アジア系品種で生食用も兼ねます。

マスカットベーリーA

赤ワイン用の黒ブドウ品種で生食用も兼ねます。欧米雑種で結実性が良好、病気にも強いです。

デラウェア

欧米雑種で早生の代表的品種。生食用も兼ねて全国的に栽培されています。スパークリングワイン仕立てのものが増加しています。

キャンベルアーリー

欧米雑種ですが米国系の性質が強く、耐寒性に優れ、雨の多い日本の気候によく適応しています。ロゼやスパークリングワインにも向き、生食用も兼ねています。

ヤマソービニオン

山ブドウとカベルネソーヴィニヨンの交雑種で赤ワイン専用種です。耐病・耐寒性が強いので栽培が容易です。

育て方のポイント

圃場の整備

地面が緩んでくる3月以降に、圃場の整備を行います。わたしのブドウ園は雨よけ施設のない完全な露地栽培で、また、市街地調整区域ではあるものの周辺は宅地開発が進み、道路や河川、宅地などのコンクリートに囲まれているため、地中の通気性と水はけを良い状態にしていくことが重要なポイントになっています。

そのため、畑の状況に応じて、横溝と縦穴を掘り、

塀に沿って掘った横溝

竹を空気穴にした縦穴

隣の畑との際にも溝を掘り、その溝の土留めなどを手作業でつくっています。そこに資材として、剪定枝、剪定枝をやいた炭、燻炭、枯れ葉などを詰め込んでいます。

ブドウ苗木の定植

3月から4月初旬。日当たりが良いところに、水はけが良くなるようにマウンドを高めにつくって、苗木を植えつけます。

植えつけ用の穴の深さは、有機物が土中深くまであるところは浅めに掘り、有機物が少なく耕盤層（すき床層。踏み固められた硬い土層）があるところは深めに掘ります。

穴には選定枝や炭、燻炭などを入れ、苗木が自立するように植えつけます。

苗木を植えつける

仕立て方法

醸造用ブドウは、垣根栽培が増える傾向にありますが、当園は従来、棚栽培で行っており、仕立て方法は一文字の変則型で、ブドウ棚への負荷の耐性が強い支柱杭線の上に、主幹を伸ばすように仕立てています。

棚栽培の1反当たりの本数は、通常は5本程度とされていますが、当園は無農薬栽培で樹自体の生命力を保つように、多めの10本程度を植えています。

剪定・誘引

12月から3月にかけて剪定を行います。短梢剪定を試みたことがありますが、新梢の管理に時間を要したことから、従来どおりの長梢剪定を行っています。

結果母枝は、テープナーやバインド線を使って、棚に留めていきます。

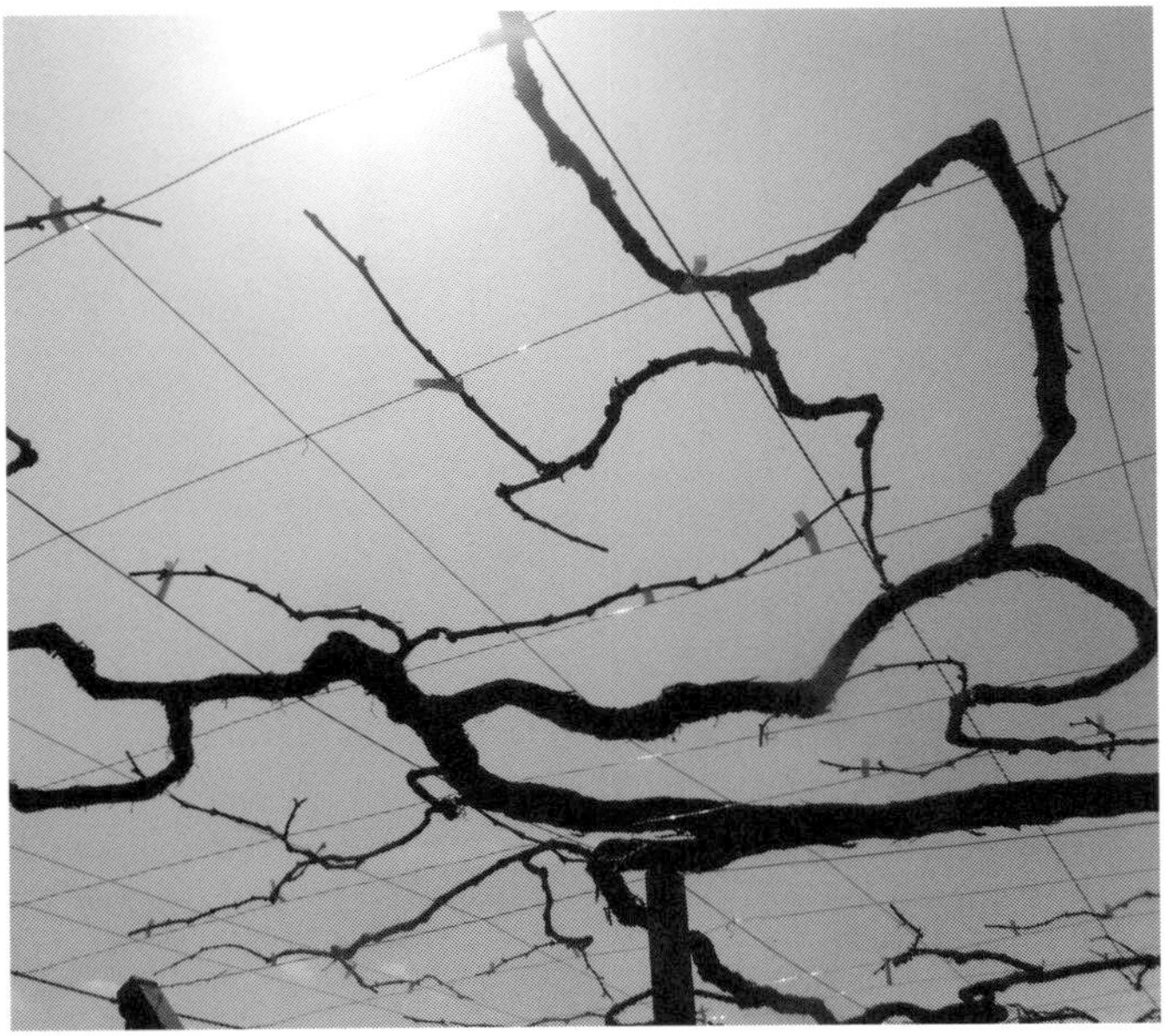

剪定後のブドウ棚

芽かき

4月の芽吹いてきた頃、不要の新芽を取り除く芽かきを行います。結果母枝の主幹部に近い芽を2芽ほど取ります。残った芽が新梢として伸びて房がつきます。

当園のマスカットベーリーAは、樹齢がたっているので樹勢は落ち着いていています。

新梢の誘引

芽かき後の状態

　５月後半に、新梢をテープナーを使用してブドウ棚に固定します。結果母枝を中心として放射状になるように留めます。

摘房・房づくり

収穫前のブドウ棚

　一枝に一房から三房がなるので、一枝当たりに一房になるように調整するとともに、短い枝の房はすべて落とします。
　房づくりは、房尻の切り上げ、上部支梗の切り下げ、ならびに着粒が多い房は支梗の数を適度に切除します。

傘かけ

　６月初旬から中旬にかけて、一房ごとに傘かけを行います。雨よけ、鳥よけ、日焼け防止、汚れと傷予防になります。マスカットベーリーＡには乳白色のビニール傘を、甲州には透明のビニール傘をかけています。

　このビニール傘は、資材の有効利用のため、冬場に１枚ずつきれいに洗い、再使用しています。

摘粒

　梅雨期から梅雨明けにかけて、一房ずつ状態を見て、病気に罹患した粒や過度に密着した粒を切り落とします。そのときにカイガラムシや蜘蛛の巣なども取り除きます。

鳥獣害の対策

ブドウ園の周辺に宅地があることから、獣の被害はなく、防鳥対策はブドウ傘と草を生やすことで対応ができています。

病虫害の対策

虫はカイガラムシやアメリカシロヒトリで、病気はうどん粉病、べと病、黒とう病などです。目につun

草刈り後の園地

いたら除去して、ブドウ園外で処理します。

露地栽培なのでどうしても病気が発生しますので、畑の土中環境、水はけ、通気性などが良くなるように整えることが大切です。

草との調和と虫との共生

不耕起の栽培をしているため、春から秋の間は草勢が強く、草の背丈がブドウ棚まで届いてしまうので、膝の高さ程度で抑えるように、空中刈りをしています。

また、自然栽培であるため、昆虫やクモなどが多数生息しています。

出荷・販売先

ワインの醸造は、当園の無農薬マスカットベーリーAを山梨県内のワイナリーに委託し、無添加・無濾過の自然ワインとして醸造していただいています。

また、生食用ブドウとワインの販売は、知り合いや口コミが主で、自園での直接販売や宅配をしているほか、農園のＷｅｂサイト「Arcadia Grace」（アルカディア グレイス）でも紹介しています。

なお、甲州種の自然栽培を試みていますが、甲州は非常に雨に弱く繊細で病気になりやすい。無農薬栽培の場合は、病気で早めに葉が落ちてしまい、枝が生育することができず、その結果として枝が枯れ、樹全体も枯れてしまうような事例もあります。

なんとか栽培方法を工夫することによって、病気の発生が少なくなるよう模索しているところです。

■山梨県甲府市

無添加、無濾過の自然ワイン

〈参考文献〉
『自然農の果物づくり』三井和夫、勇惣浩生、延命寺鋭雄、柴田幸子著、川口由一監修、創森社
『土中環境』高田宏臣著、建築資材研究社
『図解よくわかるブドウ栽培』小林和司著、創森社
『育てて楽しむブドウ～栽培・利用加工～』小林和司著、創森社
『家庭でできるおいしいブドウづくり12か月』大森直樹著、家の光協会
『10種のぶどうでわかるワイン』石田博著、日本経済新聞出版社
「現代農業」２０２１年３月号、農文協
「現代農業」２０２１年12月号、農文協
「Wine note」２０２０年７月27日号
「日本ワイン.jp」２０２０年８月14日号
Wikipedia「日本のワイン」２０２１年４月９日号

〈高木性落葉果樹〉バラ科

ウメ

三尾農園　**三尾保利**

―自然栽培事始め

カイガラムシがびっしりと……

わたしは和歌山県みなべ町でウメとレモン、ミカンなど柑橘を合わせて3haで栽培しています。1947年生まれ。地元の高校を卒業してすぐ就農しました。父の時代は慣行栽培だったのですが、あるとき牛尾盛保さんの『梅干しの秘密』という本を読みました。

そこには「梅干しには血液をアルカリ性にしたり、ミネラルの吸収を助ける効果がある」、そして梅干しと一緒に玄米食をすると良いと書かれていました。そこで、田辺市の自然食品店で玄米や天然醸造の調味料を買いそろえ、そのとおりの食事を2～3か月続けてみると、体がわかるんです。「おっ、いいな」。そんな食事を続けるうちに考えたのです。「もしかすると、自分が畑でつくっているものも同じじゃないだろうか？」

1984年、農薬や化学肥料を使わずに、有機質の肥料を施す有機栽培に変えました。いきなりポンと農薬をやめたところ、最初の1～2年病気はあまり出ませんでした。ところが3年目になると、ウメの樹にカイガラムシがびっしりついて、枝の先から枯れてきました。

「マシン油乳剤でもやらないと駄目かもしれない。だけどもう1年だけ様子を見よう」

するとカイガラムシは少し減ったのです。そしてもう1年。徐々に減っていきました。EM菌（微生物を生かした農業用土壌改良資材）で発酵させた鶏糞や、ニシンやタラの骨、ナタネ粕に米ぬかを混ぜ、自分流に有機肥料をつくり、畑にまいていました。畑から養分を持ち出しているのだから、そのぶん補わなければという思いがあったのです。

当時は有機質肥料を与えていたので、収量はさほど下がりませんでした。実の表面に多少斑点が出ることもありましたが、うちは全量ウメ干しに加工して、直接個人のお客様や自然食品店、学校給食向けに販売しているので、それでクレームが出ることもありませんでした。

蕾が2〜3割しかつかない

だんだん、うちのウメ干しが「おいしい」と評判になり、お客様も増えていきました。すると、

「わたしたちは、有機ＪＡＳ認証を受けてつくったものでも体が受けつけないんです。三尾さん、農薬も堆肥も有機質肥料もいっさいやらずに、自然のままにつくった作物はありませんか？」

それは化学物質過敏症の方からのお電話でした。

本当にお気の毒だと思いましたが、当時はまだ肥料も堆肥もやらずに作物はできないと考えていたのです。でも、よくよく考えてみると、福岡正信さん、木村秋則さんをはじめ、日本で自然農法や自然栽培を実践されている方は、以前からおられたのです。そういう方の講演を聞いたり、セミナーに行くうち、

「やっぱりできないことはないのかな？」

そんな思いがこみ上げてきました。有機栽培を続けながら、それまで年3回与えていた有機質肥料を2回、1回と減らしていきました。そして２００８年。よし、1か所だけ無肥料で育ててみよう。堆肥と肥料をやるのをやめました。

初めて無肥料で栽培した年は、蕾が2〜3割しかつきませんでした。当然、収穫もそれ以下に減ってしまいます。そんな状態が2〜3年続きましたが決して枯れることはなく、徐々に盛り返してきて、同じ畑の樹はいま、ぐんぐん大きく伸びるようになってきました。

ウメの樹も、堆肥や肥料を与えるとその場にある根だけで養分を吸って大きくなるのですが、無肥料となるとより広く根を張って、その先にある養分を求めていきます。新たに根域を広げて自力で生きる力をつけるまでには、それくらい時間がかかるのだと思います。

ウメの有機栽培から自然栽培への移行と転換は、「待つ」ことと「我慢」。人間にできることはそれ以

外にないのでした。

素顔と栽培特性

ウメは、バラ科サクラ属の落葉高木で中国原産。古くから花を愛でる観賞用の花木として栽培されてきました。果実を目的に栽培されるようになったのは、江戸時代からのようです。

みなべ町周辺は、自生の梅しか育たないやせ地だったのですが、紀州田辺藩は年貢を軽減してウメ栽培を奨励しました。南部《みなべ》産のウメ干しは樽に詰めて輸送され、江戸でも評判だったそうです。

ウメは乾燥気味の気候を好み、植えてから3～4年で結実します。気候や土壌条件に対する適応性が高く、樹勢も強いので、全国的にその土地の気候、風土に適した品種が栽培されています。甲州最小など自家結実性の高い品種は、1本でも結実しますが、南高《なんこう》や白加賀《しろかが》などの品種は、受粉樹として数品種を混植するか、接ぎ木する必要があります。

系統・品種

果実を目的としたウメの主な品種は次のとおり。中でもわたしは南高を中心品種に据え、早生の改良内田も栽培しています。

改良内田
20～25gの中粒種。和歌山県在来種の内田梅の偶発実生から選抜された。6月上旬頃に熟期を迎える早生種。ウメ干し、ウメ酒どちらにも適している。他の品種より熟期が早く、梅雨前に結実する。

南高
南高は25～30gの中粒種。果皮が薄く種が小さいので、ウメ干し用として最も人気が高い。自家結実性が低く、混植が必要。熟期は6月中旬～下旬。

鶯宿
鶯宿《おうしゅく》は25～30gの中粒種。肉厚でウメ酒に最適。自家結実性が高く1本でも実をつける。四国や九州で多く栽培。花は淡紅色で観賞用としても人気が高い。熟期は6月中旬～下旬。

豊後
豊後《ぶんご》は50～80gの大粒種。自家結実性が高く1本でも実をつける。東北や信州などの寒冷地に多い。

苗木を植えつける

収穫期のウメ（南高）

実は繊維が多く粗いが、花が美しく庭木としても人気。熟期は6月中旬〜下旬。

白加賀

白加賀は30〜40gの大粒種。江戸時代から広く栽培されており、最も生産量が多い。果肉が厚く、ウメ酒にも向いている。自家結実性が低く、混植が必要。熟期は6月中旬〜下旬。

育て方のポイント

畑の準備

ウメは過湿に弱いので、水はけの良い場所に植えつけるのが基本ですが、選べない場合もあります。平地や湿気の高い場所では、高畝にして植えるとよいでしょう。

植えつけ

苗木は地元の苗木業者から購入して植えつけています。接ぎ木部分がしっかりしているものを選びましょう。

最初から無肥料で苗木を育てると、最初の2～3年はなかなか大きく育ちません。

「この樹、大丈夫なんやろか?」

と心配になりますが、5年、10年たつと「いつの間に……」と思うくらい、大きくなっていて、病害虫もあまりつきません。

一方、苗木の頃、肥料を与えて育てた樹は、肥料をもらえなくなったときのダメージが大きいです。子どもの頃何不自由なく育った人と、我慢しながら厳しい環境で育った人では生きる力が違う。そこはウメも人間も一緒だと思います。

わたしの場合、繰り返しますが品種は南高が中心。さらに早生品種の改良内田を栽培しています。ただし南高だけでは結実しないので、受粉樹として久木《ひさぎ》という品種も植えています。昔から地元でつくり続けられている品種で、自家結実性が高く、自分の花で実を結ぶことができます。南高に比べると実はちょっと小ぶりですが、ウメ干しにするととてもいい感じに漬け上がります。

苗木の植えつけは11月。全体の2～3割を久木が占めるように。南高や改良内田の間に入るように、風向きも考えてバランスよく植えつけます。ウメの交配はミツバチ頼み。豊作・不作はミツバチが活動できる天候かどうかにかかっています。みなべでは1月末～2月いっぱいの花の時期、養蜂家から巣箱を借りて、受粉している生産者もいます。

植えつけのポイントは、根ができるだけ下を向くようにすること。四方八方に張らせるより、下向きに植えたほうがその後の生育が良いと思います。植えつけた後、水やりはしません。

1年生の苗は、地上から60～80cmで切り返し、2年生なら40cm程度に切り返した主枝を残して他の枝はすべて切り除きます。わたしの場合、主枝を3本残すことが多いですが、樹の状態に応じて2本や4本残すこともあります。

土壌管理・水やり

東京のお客様を訪ね、都心へ行ったときのことです。大都会の街路樹のサクラは、根のまわりをアスファルトやコンクリートで固められていても、あれだけ樹が大きく育ってみごとに花を咲かせている。なんでやろ？　もしかすると土中の水分が蒸発できなくて、乾燥しないからじゃないだろうか？　コンクリートやアスファルトがマルチ代わりになってプラスに作用している。やはり自然に樹が育つには、水分の維持が欠かせませんが、灌水は雨水のみです。

　そこでわたしの畑でも、刈った草や剪定枝を粉砕したチップを、ウメの樹の根元の周囲に置いてマルチ代わりに敷き詰めることで、水分が蒸散して地面が乾かないようにしています。それ以外によそから持ち込む栄養分は、まったくありません。

株元にチップを敷く

自然栽培のウメ園

樹形と仕立て方

　昔はウメの樹を、セオリーどおり開心自然形に仕立てていました。ところが無農薬で自然栽培を始めるようになり、常に山の樹とか野の草を見ながら「ああ、山の樹は、なぜ虫や病気にかからないんだろう？」と。どうすれば、自然の樹に近づけるんだろう？　山の樹は自分で自分の枝を切ったりしません。剪定もあまり手を入れないほうがいいのでは？　できるだけ自然な状態に近づけていきたいと考えるようになりました。

整枝・剪定

　ウメは栄養生長が強いので、徒長枝が多く発生します。それが風で擦れて果実が傷んでしまうので、まったく枝を切らないわけにはいきません。そこでできるだけ若い枝を生かして、古い枝と交代できるように剪定しています。徒長枝と徒長枝の間隔は60cmくらい開けます。ウメは大胆に剪定しても、花がなくなることはありません。古い枝を切り戻して更新し、自然に近い形で生長を促していきます。

耕起

自然栽培に転換してから、圃場はまったく耕していませんでした。でも、家の近くの畑は海風の塩害がひどく、どうしても生長が悪いので、一昨年から樹間にトラクターを走らせて、10～15㎝だけ浅く耕すようにしました。というのも、海外旅行でヨーロッパのオリーブ畑を訪れたとき、機械でダーッと樹間を耕していたんですね。それを見て、生育の悪い圃場だけ耕すようになりました。

草の管理

草刈りは収穫を終えた7月と、ウメ干しの作業が終わった10月、年に2回行っています。そのため、収穫を迎える6月、畑にはワサワサと草が生えています。その上にネットを敷いて落ちたウメの実を拾うので、草がクッションの役目を果たして、果実が地面に落ちたときの衝撃を和らげてくれるのです。

収穫後、草を刈ったらその場へ敷き、水分補給マルチ、緑肥として有効にはたらいています。

病害対策

毎年、多少アブラムシがつきます。たくさんつく畑もあれば、ほとんどない場所もありますが、深刻な被害はありません。また、被害が出ても取らずに見ているだけ。ずっと観察しているといつの間にかいなくなっています。

自然栽培を始めた頃、カイガラムシがびっしりついたので、ブラシでこすり落としたのですが、落とし切れませんでした。それでも自然栽培を続けるうちに、ほとんどつかなくなりました。樹に力がついてくると、自然につかなくなります。

ウメスカシバというウメ特有の害虫がいます。これは樹の幹や株元に卵を産みつけて、孵化した幼虫が樹の表皮や形成層を食べてしまいます。その被害に遭うと樹は枯れてしまうのですが、肥料を与えなくなったらまったくつかなくなりました。

いちばんの病害対策は、あまり手を加えないことです。土を耕したり、外からなにか資材を持ち込むことはできるだけ避けます。あえていうなら常に土が湿り気を保っている状態を維持すること。それがいちばんの病害虫の防除につながると思います。

収穫と漬け込み

6月に入るとウメ農家は大忙し。収穫作業と1次加工が同時進行で進みます。地面に敷き詰めたネットの上に黄色く色づいて自然落果したウメを専用のたも（小さなすくい網）ですくい上げ、コンテナに入れて作業場へ運びます。これを洗浄して3t入りのタンクに塩漬けする。収穫したその日に漬け込まないと実が傷んでしまうので、この作業が6月いっぱい続きます。

ウメを漬け込む

ウメ漬けの天日干し

漬け込みを終えたら、7月からは草刈りが始まります。同じ月の下旬、天気が安定して晴天の日が続くようになったら土用干し。タンクからウメ干しを取り出して天日で乾燥させます。最近はハウスを使ってウメ干しを干す人が多いのですが、わたしはあくまで天日干し。ハウスは気温が上がり過ぎて、表面と中身の乾燥具合に差が出てしまうのです。雨が降ったらビニールをかけて防ぎます。

8〜9月にかけて天日干しを続け、干し上がったら傷や斑点のあるものを選別しながら樽に入れて貯蔵します。収穫、漬け込み、天日干しと一連の作業が終わるのは9月末。ようやくホッとできるのも束の間、10月になるとまた草刈りが始まり、刈った草を畑へ敷いていきます。

冬の剪定作業は年末の梅商品の発送と同時進行で、12月から2月まで続きます。剪定枝は粉砕して圃場に敷き込みます。

価値を高める加工品

ウメは日本における栽培の歴史も古く、数ある果樹の中でも比較的自然栽培に適した作物だと思います。収穫するのは6月で台風が襲来する前に終えられるのも強み。ただし、その収量は肥料や農薬を多用する慣行栽培のおよそ6割。それだけに一粒も無駄にせず、自然栽培の意味や価値をお伝えしながら、納得いただいたお客様に販売するよう心がけています。以下は、三尾農園が販売している商品です。

ウメ干し

和歌山では、収穫したウメを農家自ら塩漬けして加工したものを、地元の梅屋さんに販売する。そんな流れが一般的ですが、わたしは自然栽培のウメを自分で漬け「紀州自然《しぜん》梅恵《うめめぐみ》」と名づけて販売して

ウメの収穫果

好評のウメ干し

ウメ製品いろいろ

います。漬け込みに使うのは、高知県産の海洋深層水の塩。塩分濃度は17％前後。お客様には「三尾さんのウメ干しはとにかくおいしい」と評判です。

ウメ酢

ウメを塩漬けすると、ウメのエキスを含んだ塩水が上がってきます。これを取り出したものがウメ酢です。ウメの成分であるクエン酸を含んでいて、昔から殺菌力や増血力があるといわれてきました。料理に使ったり、薄めて飲んだり。ウメ干しに次ぐ人気商品です。

ねりウメ

加工の途中で果皮が破れ果肉が出るのですが、果肉から種を取り除いて裏ごししたもの。おむすびやおすしの具材、調味料としても重宝されていて、「使いやすくておいしい」と評判です。

ウメ干しの種（仁）

ねりウメをつくった後、大量の種が出ます。以前はこれを畑にまいていたのですが、よく見ると必ず鳥や獣《けもの》がやってきて上手に殻を割り、中の「仁」を取り出してきれいに食べているのです。仁は命の源。昔から漢方薬や民間薬として利用されてきました。そこで、わたしは種を「梅の精恵」と名づけて殻ごと販売。お客様が殻割り器で割って中身を取り出して召し上がるスタイルを提案しています。

ウメの実丸ごとシロップ

ウメを氷砂糖で漬け込むウメシロップは、ウメ酒と並んでおなじみですが、わたしはこれをミネラル豊富なオーガニックの黒砂糖で漬け込みました。エキスだけでなくウメの実もすりつぶして入れ、「玄《くろ》の煌《きらめき》」と名づけて販売しています。ウメのエキスと黒砂糖のミネラルをギュッと濃縮した健康食品で、水やお湯、炭酸水で割って飲んだり、お酒に混ぜたりしてもおいしくいただけます。

■和歌山県みなべ町

（まとめ協力・三好かやの）

〈参考文献〉
大坪孝之著『育てて楽しむウメ～栽培・利用加工～』創森社

〈高木性落葉果樹〉バラ科

スモモ

キラキラすもも

野田康博

自然栽培事始め

2012年から3反（30a）の慣行栽培のスモモ畑を自然栽培に切り替え、11年目になります。

慣行栽培から自然栽培に切り替わり、5年間、灰星病などの病気を防ぐために酢の散布を行ったり、カイガラムシの駆除のために食用油を使用したりした結果、かなりの効果はありました。しかし、樹が3分の1ほど枯れてしまったので、それ以後は酢や食用油は使用せず、枝を間引き、風通しを良くし、まめに毛虫や、害虫を手で駆除しました。

すると、枝がほとんど出ずに弱っていた樹に勢いのある徒長枝が生え、葉もいままでの2倍から3倍の大きさになりました。明らかに回復の兆しが見えてきたのです。さらに、シンクイムシや灰星病の被害にあった実を畑の外に出して処分するようにしました。いまでも若干のシンクイムシや灰星病は見られますが、それらがいちばん蔓延していた頃に比べると明らかに激減しています。

自然栽培を始めてから果実が小さくなり酸味も強くなっていった果実も、いまでは直径6㎝以上の大玉のものもあり、味も良く年々深みを増しています。

現在、存在する果樹はそのほとんどが数年、数十年前に品種改良がなされていて、果樹の長い歴史から見ると歴史が少ないぶんだけ、病気や害虫に対する免疫力も少ないのです。しかしながら遺伝的に持っている免疫力もありますので、それを生かすのがわたしたち自然栽培実践者の仕事だと思います。農薬や肥料を与えない厳しい環境だからこそ、果樹への感謝や励ましが果樹の潜在能力に伝わると考えられます。

自然栽培を始めてから、完全に枯れてしまった樹もありますが、部分的に枯れても生き残った樹やどこも枯れずに生き残った樹もあります。さまざまな試練を乗り越えてきたスモモの樹にその偉大な生命力やたくましさを感じずにはいられません。自然栽培のたくさんのすばらしいスモモの実を毎年実らせ、わたし自身を精神的に強くしてくれたスモモの樹に感謝の気持ちでいっぱいです。

素顔と栽培特性

スモモは、バラ科サクラ属のスモモ亜属に属する果樹です。東アジア系（ニホンスモモ）、ユーラシア系（ヨーロッパスモモ）、北アメリカ系（アメリカスモモ）に大別されます。ニホンスモモの原産は中国の華中地方といわれており、中国ではモモとともに最も古い果樹の一つです。

19世紀に中国や日本からアメリカに渡って改良され、新しい品種となって日本に逆輸入されたものが多くあります。当初からカタカナの名前の品種が多い理由の一つになっているとのことです。

スモモは開花期が早いので、晩霜害を受けやすく冷気の停滞しない場所が良いといわれています。また、降雨により裂果することが多いので、成熟期に雨の少ないところが適地とされています。なお、浅根性で乾燥に弱いこともあり、保水力の高い土壌が適しています。

収穫期のスモモ（ソルダム）

系統・品種

大石早生すもも、ソルダム、太陽が主要3品種ですが、これらにサンタローザ、貴陽、秋姫、花螺《から》李《り》、サマーエンジェルなどが続き、その中でも貴陽とサマーエンジェルは増加傾向を示しています。

わたしが手がけるソルダムは、アメリカ生まれの中生種《なかて》。未熟なうちに出回るので緑がかった紫色のスモモという印象が強いかもしれませんが、果肉色は濃い紅色。糖度も15％と高く、強い甘みとほどよい酸味があり、果汁は多めです。

ー育て方のポイント

植えつけ

寒さが厳しくなる前の11月中旬に、苗木を植えつけます。水はけが良好の畑では普通に植えつけますが、湿り気の多い畑では少しでも水はけを良くするため、直径1ｍくらいの小山の上に苗木を植えつけます。

仕立て

スモモの樹の上に伸びようとする性質を尊重しながらも、作業性にも適した樹形にします。植えつけ5～6年あたりで、主枝が1本で地上から50㎝以上のところから亜主枝が約50㎝間隔で伸びている樹形が理想的です。

また、主枝と亜主枝の分岐点では、主枝のほうが太く、主枝と亜主枝の強弱を明白にさせます。これは樹形を維持し、樹を丈夫にするためです。また、亜主枝は主枝に対して真横に伸ばすより斜め上に伸ばします。

整枝・剪定

ソルダムの枝の伸び方、発生の仕方の特徴として、剪定した枝の先端付近は太い枝が出やすいのですが、中間は短果枝（花数が多く数㎝しか伸びない細い枝）になります。そのた

図4-2　自然栽培のスモモ栽培暦

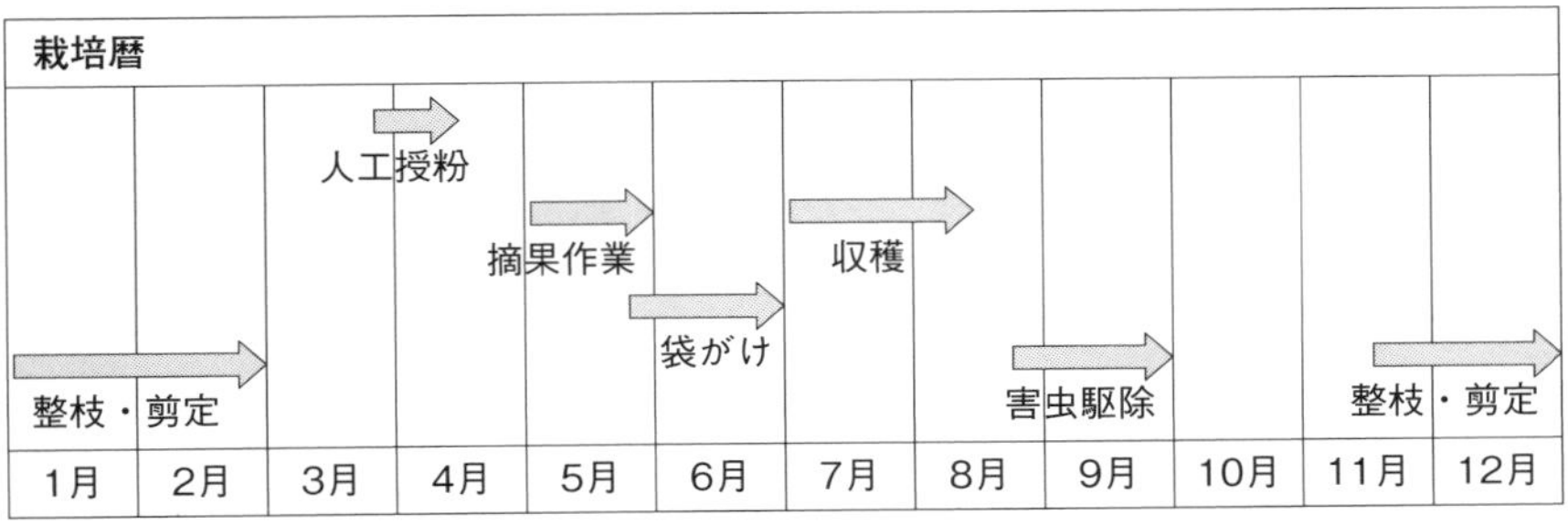

め、強く切り返さないと基部に枝のない頭でっかちの弱々しい樹になってしまいます。伸ばしたい枝は強く、伸ばさなくてもよい枝は弱く剪定します。

1年目

11月中旬に植えつけをして、その場で30〜40㎝に切り返します。太い苗木は50㎝、細い苗木は20㎝くらいに切り返します。

2年目

6月に先端の何本かある新梢のうち、いちばん勢いのある枝を残し、主枝候補にします。残りの新梢はすべて摘芯します。主枝候補には支柱を添えます。

短果枝。花数が多く、枝が数㎝しか伸びない

11月に主枝候補を強く切り返して、その年に伸びた長さの3分の2にします。中間の枝で主枝候補を追い抜く勢いのある枝は、すべて間引きます。その他の枝で細く弱い枝は先端を切るだけにして、残りは強く切り返します。

3年目

この年は、できれば主枝と第一亜主枝候補を選びます。6月に先端の何本かある新梢のうち、いちばん強い枝を残して他を間引きします。

11月、主枝候補以外にいちばん強くなりそうな勢いのある枝が特にない場合には、主枝候補を正式に主枝にします。もし、主枝候補より強い枝があったときは、その枝を主枝にしてその枝から先は切り落とします。

地表から50㎝のところにある、やや強いが主枝の生長に支障を与えない枝を第一亜主枝候補にします。主枝と第一亜主枝は強く切り返してその年に伸びた長さの3分の2にします。この二つを追い抜きそうな枝はすべて除去します。他の枝は細い枝は先端を切り、やや太い枝は強く切り返します。主枝には引き続き支柱を添えます。

４年目

第一亜主枝を決め、第二亜主枝候補を決めます。前年に引き続き主枝の延長を図り、結実が多くなっても下垂れしないように、主枝はなるべく立てるように心がけます。主枝の切り返しは、前年同様に強くして第一亜主枝候補もその付近にそれを脅かす強い枝がなければ、正式に第一亜主枝にして強く切り返します。

また、第一亜主枝から50cm上に離れた反対側にあり、主枝を脅かさない、やや強めの枝を第二亜主枝候補にして、それも強く切り返します。３本より強くなりそうな枝は摘芯し、それ以外は細い枝は弱く、太い枝は強く切り返します。５年目以降は、約50cm間隔で亜主枝を決定し、主枝や亜主枝の先端部は以前より強く切り返し、その年に伸びた枝を２分の１にします。

摘蕾・摘果

摘蕾　摘蕾をしなくても、その影響はほとんどありません。

摘果　摘果は早いほど効果は高いですが、結実状態が完全に判明した時点で行います。スモモは収穫時期の早い果樹のため、特定の品種を除けば４月下旬から５月上旬頃に１回目を行い、１週間から10日間隔で３回ほど行い、３回目の仕上げ摘果は開花後50日から60日を目途にできれば５月末までには終わらせます。間隔は６～８cmに一着果とします。

なお、スモモは同一品種の花粉で受精しにくい自家不親和性があるため、大石早生すももなどの他品種を受粉樹として１本、ソルダムの畑に植え、受粉の際に毛ばたきなどで交互に軽くこするのがよいです。

鳥獣害対策

鳥害、獣害などは傘でも防げますが、袋のほうがより安全です。

病害虫対策

摘果後の状態

植えつけ４年目（剪定前）

シンクイムシ　スモモの一つ一つに袋をかけます。スモモの害虫のシンクイムシは5月から収穫期まで活動をしていますので、なるべく早めに袋をかけることでシンクイムシの被害を、ある程度防ぐことができます。しかし、樹に勢いがない場合には袋をかけても被害を防げない場合もありますが、害虫が直接、スモモの実に触れられないという点で、やはり袋をかけることをおすすめします。

なお、シンクイムシが入った実は、畑に放置すると蛾が発生しますので、外で処分します。

ケムシ　ケムシに関しては8月中旬にモンクロシャチホコの幼虫が集団で、スモモの樹を襲い一本の樹の葉をすべて食べ尽くすことがあります。スモモの収穫はほとんど終わっていますが、光合成ができないため、来年の栄養をじゅうぶんに蓄えることが困難になります。そのため、ケムシの捕獲は手作業ですが、早期発見がとても大切です。

カイガラムシ　カイラガムシの対策は剪定の時期に剪定ばさみの先で、払って取ります。これもかなり地道な作業になりますが、年に一度するだけでその効果は大きいです。

フクロミ病　ソルダムには、春先に実がふんわり大きくなるフクロミ病があります。ほうっておくと健康な実に移るので、摘果作業の際にすべて取り除きます。

生理障害と気象災害

生理障害　ソルダムにはあまり見られません。

気象災害　収穫期に大雨が降るとスモモの味が落ちたり、玉が割れたりしますが、これらは大量の雨水をスモモの実が一度に吸収してしまったために起きます。畑の中に浅い溝で雨水の通り道をつくって外に流れ出るようにするか、スモモの樹の根本に刈った草や剪定の枝などを敷いて雨水を吸収させることで被害を弱めることができます。

果実の収穫

摘果が終了し、袋かけをしますが、袋は光を透しますので収穫までかけていても支障はありません。収穫期が近づく頃に、1本の樹につき10か所ほど、またはそれ以上の袋の下を、あけて下からのぞけるようにします。毎日、色具合を確認し赤身が出てきた実があったら、その付近の袋を同じようにあけます。下からのぞきながら、赤身が出てきた実から収穫します。スモモにかける袋は、柴田屋加工紙株式会社の白撥水桃袋・15型Vを使用しています。

出荷・販売

自然栽培の農産物を評価していただき、安全・安心でおいしい食材を扱っているところへお渡しするようにしています。

福島屋本店（東京都羽村市五の神3－15－1）や福島屋立川店（東京都立川市栄町5－36－1）、サン・スマイル（埼玉県ふじみ野市苗間1－15－27）が出荷先です。

■山梨県南アルプス市

〈低木性落葉果樹〉ツツジ科

ブルーベリー

みどりの里　野中慎吾

自然栽培事始め

地元のスーパー「やまのぶ」の依頼により、自然栽培でお米とイチゴを栽培するようになったわたしは、10年ほど前からイチゴハウスの隣で、ブルーベリーの栽培を始めました。こちらも「味がよい」と評判で、年々ファンが増えています。

素顔と栽培特性

ブルーベリーは、ツツジ科スノキ属に分類される落葉低木果樹で、原産地は北米大陸。野生種は古くから先住民に食された歴史があります。17世紀、ヨーロッパからアメリカ北東部に移住者がやってきたとき、冬の厳しい寒さと飢えに見舞われますが、このとき先住民が分けてくれた乾燥ブルーベリーやシロップが命をつないだと伝えられています。そんな歴史も手伝って、アメリカでは連邦農務省（ＵＳＤＡ）を中心に野生種の栽培化と品種改良が進められてきました。以来、ＵＳＤＡの試験場や大学で盛んに育種が行われています。

日本に導入されたのは１９５０年代。当時の農林省北海道農業試験場が、アメリカの試験場からハイブッシュを導入したのが始まりです。60年代は、「ウッダード」「ホームベル」「ティフブルー」のラビットアイ系統の3品種を中心に普及が進みます。70年代、ノーザンハイブッシュの経済栽培が進み、80年代は水田転作や中山間地における栽培が始まりました。近年は都市近郊の観光農園や産地も増えて、全国的に栽培が広がっています。

系統・品種

ブルーベリーには、低温打破に必要な低温要求量、および耐寒性から次の四つの系統（タイプ）があります。

ノーザンハイブッシュ　冬は比較的低温が厳しく

夏は冷涼な気候に適していて、休眠覚醒に必要な低温要求量が多い。12〜2月に1〜7・2℃の低温が800〜1200時間確保できる地域で栽培可能。日本では北海道中部、東北、関東、甲信越、北陸、東海・近畿地方の夏季が比較的冷涼な地帯、中国産地や九州の標高が高い場所で栽培されている。

サザンハイブッシュ

低温要求量が400時間以下で、冬季の気温がマイナス10℃以下になると凍害のおそれも。東北南部以南〜沖縄地方で栽培されている。

収穫期のブルーベリー

ハーフハイブッシュ

ローブッシュの選抜種とノーザンハイブッシュの交雑種。樹高が1m前後で耐寒性が強く、マイナス20℃以下になる地域や積雪地帯でも栽培可能。北海道から東北北部で栽培。

ラビットアイ

低温要求量は400〜800時間。耐寒性もノーザンハイブッシュとサザンハイブッシュの中間の性質を持つ。東北南部〜九州で栽培。

愛知県豊田市の当園では、ラビットアイの系統に属する「ティフブルー」「パウダーブルー」「バルドラビット」の3品種が中心。特に野生種を親に持ち、早くから日本へ導入された「ティフブルー」は、自然栽培との相性もよく、他の2品種に比べ樹も大きく育っています。

育て方のポイント

畑の準備

ブルーベリーはやせ地が好きです。スイカ、ダイコン、イチゴもやせ地が好き。最終的にわたしが選ぶ作物は、稲以外は、みな肥沃ではない場所を好む性質のある作物です。

植えつけ

植えつけの間隔は約２ｍ。施肥やpH調整は、特に行っていません。苗は秋に植えつけて休眠させ、根を張らせたほうが春を迎え芽吹く時期に力が出ます。

元は水田だった場所、畑だった場所など条件はいろいろですが、植えつけ以来、10年近く剪定していません。手が回らなかったというのが正直なところですが、それでも毎年高糖度で食味の高い果実が取り切れないほど結実しています。枯れた枝を取り除ければ、さらによくなると思います。

株元にシートを敷く

土壌管理・水やり

ブルーベリーの自然栽培は、水やりがポイント。灌水チューブを通して水やりすると、「クックックッ」と新芽が動き出します。しっかり水を打つと根が出て樹が生長し、１年目から収穫できます。

とはいえ、無肥料のまま放置しても果実はうまくできません。植えた樹が「欲しい」というだけ過不足なく与えること。通常の栽培の10倍ぐらいをイメージしてください。

その量は気温や土の乾き具合によって変わるし、乾燥しやすい場所とぬかるむ場所では、給水量が違います。給水量の目安は、気温が30℃以上の日は、灌水チューブを通して朝30分、夕方30分与えます。それ以下の時期は、朝30分、夕方10分。20℃以下になったら灌水を止めます。畝間に水がたまるようなら、水は必要ありません。

台風や大雨で、株元が水に浸かってしまったら、さすがに根が窒息しますが、通常に栽培しているかぎり根腐れを起こすことはまずありません。なぜなら肥料を入れていないから。根腐れは養分過多が原因で起きるのです。根は水だけを必要としている。自然栽培の果樹は、雨にも強いのです。

よく「水のやり過ぎに注意」といわれますが、それは土に肥料が入っているからです。窒素が入ると、

送水パイプ、灌水チューブを設置

実はまずくなりますが、水だけをやり続けると食味は上がります。つまり水（H_2O）は、人間が「甘い」と感じる炭水化物の材料になるのです。だから水が切れると味が落ちるのです。

肥料分ゼロは未知の世界。たしかに収量は減りますが、逆に味と品質は上がっていきます。

虫たちは、窒素の多い植物を嗅覚や視覚でとらえてやってきます。雨の日が続くと、自然栽培でも植物体に窒素がたまります。光がないから光合成できず、炭水化物がつくれない日が続くと、薄いなりにも土中から窒素が来る。そうして窒素量が増えてくるとイラガが来ますが、晴れれば3日で消えます。

もしも土中に窒素を入れたければ、水やりをすればいいのです。土中の窒素が入ってくるので、不足することはありません。野菜をつくっていて「葉っぱが黄色くなってきた。窒素が足りないのか？」と思う症状は、水が切れた印。結局、水と温度をそろえれば、ほとんどの作物は無肥料でつくれるのです。

整枝・剪定

ブルーベリーの樹は、古いもので苗木を植えてから10年近くたっていますが、いまだに剪定らしい剪定をしたことがありません。どこかで切ろうと思っていましたが、結局切らずにここまで来てしまいました。

ブルーベリーは、特に剪定しなくても古い枝から新梢が出たり、地際から新しい枝（吸枝）が出てきたりします。地際の新しい枝は樹冠が広がり、枝が込み合ってくるので一般的には切除するようですが、わたしはそのままにしています。枯れた枝は手でさわるだけで勝手に折れて、ポロポロ落ちていきます。

開花（３月中旬）

ここの場合の自然栽培では、特に剪定作業は必要ありません。剪定すると、残った枝に養分が集中して、実が大きくなる代わりに鳥に食べられる可能性も高まるのです。

それはまた、自然栽培で大玉トマトをつくるとカラスやハクビシンが食べに来るのに対して、ミニトマトには来ないのと似ています。玉が大きければ大きいほど、養分がそこに集中するので、窒素も多くなる。動物たちはそこを見逃しません。

冷夏で日照時間が少なく、新梢がなかなか出ない年がありました。「ちょっと株が弱ったかな」と思いましたが、花芽をつくれない年はそのぶん地中で根をつくっています。花つきの悪い年のその翌年は絶対につく。樹が自分で花芽の数を調整するので、それに任せればいいのです。

肥料を入れる栽培で上の徒長枝を切るのは、樹勢が強くなって日陰ができるから。また性質上、樹が弱ると果実はおいしくなるからです。

では無肥料栽培ではどうか。果樹の新芽と根はつながっているので、若い枝をやたらと切りません。根から新芽を生長させる植物ホルモンが上がってくる。続いて、新芽や葉でオーキシンという根をつくるホルモンができるのです。根と葉は、上下でホルモンを出し合って交信しながら、互いの生長を促しているのです。

例えば、水やりをしていて、薄く淡い色の緑の葉が見えてきたら、うまくいっている印。根もしっかり出ていることがわかります。葉色が濃い場合は、光合成で炭水化物がうまくつくれていない状態を意味しています。

気温が15℃以上になると菌が動き出して、養分を吸収できるようになります。そのはたらきをうまく使えば、温度と水をコントロールするだけで、植物を生長させることができます。

自然栽培は、自然と同じになろうとするだけでなく、われわれが自然よりもいい環境をつくる。だからいい商品ができる。しかもそれは水やりと温度だけで勝負できるのです。

草の管理

当園では、株元の両サイドに幅1mの防草シートを敷いています。これは草刈りの手間を省くため。もし全面をシートで覆ってしまったら、夏場の高温に耐えられなくなってしまうでしょう。ある程度、涼しくするためにも草は必要です。圃場を全面的に覆うのではなく、雑草地帯も残しておき、刈り取った草はその場に敷きます。

主な虫鳥害対策

カイガラムシがつきますが、見つけてもほぼ無視しています。大勢に影響は及ぼさないので、特に防除は行っていません。

当園のブルーベリーはほとんど鳥害がないので、防鳥ネットなども必要ありません。鳥たちは果実が大玉や、窒素分が多い果実をねらってきます。その点、窒素分が少ないブルーベリーは鳥害を免れているようです。

収穫

収穫は7～8月に行います。「無肥料で栽培すると、収量が少なくなってしまうのでは?」と思う人もいるかもしれません。自然栽培のブルーベリーは、他の栽培のブルーベリーと大差なくとれます。自然栽培のブルーベリーは傷みにくいので収穫期間も延ばせます。ブルーベリーは自然栽培のほうがうまくいく品目です。

収穫果

さらに自然栽培のメリットは、絶対に糖度が上がること。「いちばん糖度を上げられる栽培方法はなんですか?」と問われたら、わたしは「水やりをしっかり行った自然栽培」と答えます。

こうして育てたブルーベリーは、スーパー「やまのぶ」で、パック入りで販売しています。糖度が高く、「おいしい!」「また食べたい」と高い評価をいただいています。

■愛知県豊田市
（まとめ協力・三好かやの）

〈参考文献〉
玉田孝人著『ブルーベリー栽培事典』創森社

〈果菜類〉バラ科
イチゴ

みどりの里　野中慎吾

自然栽培事始め

高校時代、国際NGO活動に関心を抱いたわたしは、大学卒業後、静岡県浜松市にあるオイスカ開発教育専門学校へ進みました。途上国の人たちを受け入れて農業技術を教えたり、海外で農業指導を行う人材を育成する学校です。そこで妻の浩美と出会い、ともに有機栽培を学びました。

その後、フィリピン・ミンダナオ島で農業指導にあたる機会を得ましたが、日本で堆肥に使う米ぬかはブタ、鶏糞は鶏の餌になっている。「有機栽培というのは、日本のように有機質肥料が有り余っている世界だけで成立する農法では?」と疑問を感じました。

帰国後、生産者としての独立を考えていたとき、声をかけてくれたのが愛知県豊田市のスーパー「やまのぶ」の山中勲会長でした。豊田を中心に七つの店舗を経営する会社ですが、会長はかねてから「安全・安心な農産物を手頃な価格で提供したい」と生産者を開拓し、「ごんべいの里シリーズ」と名づけて販売していました。さらに、自社で栽培しようと「農業生産法人みどりの里」を設立。わたしはその最初の農場長に抜擢されたのです。

「やまのぶ」で販売するために最初にチャレンジしたのは、無農薬・無化学肥料のお米の栽培でした。そこで実際に大規模な自然栽培を実現している大潟村の石山範夫さんの元で研修を受け、リンゴの自然栽培で知られる木村秋則さんの勉強会に参加して、その考え方や技術を学びました。

お米に続いて山中会長から「無農薬・無化学肥料でつくってほしい」と依頼されたのがイチゴでした。数ある農産物の中で、イチゴは最も自然栽培が難しいといわれています。なぜなら日本でいちばんイチゴが売れるのは、本来の旬である初夏ではなく、真冬のクリスマスシーズンだから。さらに苗づくりから始めると1年以上かかり、苗の育成と栽培を同時進行で行わなければなりません。栽培期間が長いぶん、リスクも多いのです。

最初は苗を台なしにしたり、病気にやられたり、失敗の連続でした。それでも一つ一つ課題をクリアして、無加温ハウスで、畝は不耕起、肥料も農薬も使わない栽培を実現させています。

現在、ハウスは9棟。全部で1万株の苗を育てて11月から4月までイチゴを取り続け、販売。無農薬・無肥料で育てた「ごんべいの里」のイチゴは、安全・安心はもとより、「味がいい」と評判に。小粒のイチゴも小さなパックに詰めて販売すると「子どもが食べやすい」と好評で、ほぼ全量を売り切っています。

評判のイチゴを手に

素顔と栽培特性

イチゴは北米原産。バラ科の多年草です。露地栽培では5～6月に旬を迎えますが、なぜか日本で最も多く出回るのは冬。12月のクリスマスケーキの需要に応えようと、旬の先取りと前倒しが進み、ハウスを活用した促成栽培が主流となっています。

肥料や農薬を使わず、無加温ハウスでの自然栽培で、本来の旬より半年早く収穫することができるのか？　試行錯誤の末、なんとかこれを実現させました。ポイントは苗の「山上げ」と、水やりのタイミングです。

系統・品種

当園で栽培しているのは露地栽培向けではなく、日本で栽培されているイチゴの大半を占めているハウスの促成栽培向けに育種された品種です。無加温、無肥料、不耕起で栽培するため、数ある品種の中から特に寒さに強く、樹勢が強く、休眠が浅く電照を必要としない「章姫《あきひめ》」や「紅ほっぺ」が適しているようです。当園では毎年栽培した苗の中から親株を選び、そこから子株、孫株を取って、次の苗を育てています。

育て方のポイント 苗づくり、高冷地へ山上げ

自然栽培のイチゴづくりで、最も難しいのが苗づくり。当初は豊田の農場で挑戦していましたが、どうしてもうまくいかず、2015年から夏の間、北東へ65km離れた長野県平谷村《ひらや》へ苗を運んで、涼しい環境で育てる「山上げ」を行うようになりました。

9月に入ると収穫を終えたイチゴの中から800の親株を選び、露地の畑へ移して年を越します。年を越して4月になるとランナーが出てくるので、子株や孫株をポットに受けて育苗を開始します。直径7・5㎝のマルチポットに、山砂80%と水分保持のために籾殻燻炭を20%の割合でブレンドしたものを入れます。籾殻燻炭が20%を超えると水持ちがよくなり過ぎ、水やりが大変になるので注意します。ポットの準備ができたら、そこへランナーを挿していきます。

こうして育てる苗はざっと2万株。育苗中、病気にかかるものもあるので、最終的に1万株に絞ります。成功率が高い年は1万5100株ぐらい残りますが、必要量の倍ぐらいつくっておかないと、安定的な収量は見込めません。

平谷村は、豊田から北東へ車で1時間30分。標高930mに位置していて、青森県と同じくらい冷涼な場所です。もともと親会社の「やまのぶ」が、同村の生産者からトウモロコシを仕入れていたのですが、高齢化が進んで農地があいたため、夏の間、当園の社員が管理して、トウモロコシやトマト、アスパラガスを栽培するようになり、その後、社員はこの村で農家として独立したのです。そんな経緯も手伝って、山上げした苗の水やりと管理を現地の人に

お願いしています。

　このように夏の間、避暑地で苗を育てる「高冷地育苗＝山上げ」は、80年代まで全国のイチゴ産地で盛んに行われていました。その後、予冷庫を使った育苗が主流になっていきますが、冷蔵庫と農薬を

山上げで育苗（長野県平谷村）

使っても病気に見舞われ、苗が台なしになることもあるのだとか。それほど温暖化が進む日本でイチゴの苗をつくるのは難しいのです。

　平谷村での育苗は、露地の畑に幅１２０㎝の畝を立て、マルチを張り、横一直線に切れ目を入れ、苗を並べたポットを花かごに入れたまま畝の上に並べます。すると根が直接地面に触れ、ポット底の穴から伸びていくので、苗が老化しません。最終的に苗を取る時点で、根は切れてしまいますが、イチゴには新根をどんどん出す性質があるので、ここで切れても問題ありません。

　植物には最低気温が25℃を上回ると、根がつくれなくなる性質があります。ナスもキュウリも同じ。人間も不快に感じるあの暑さが苦手なのです。

　育苗中は、古い葉を取り除く「葉かき」作業を行います。葉が込みあって光が足りないと徒長するので、これを避けるために葉が2～3枚になるように古葉を取り除くのです。苗を平谷村へ山上げしている夏の2か月間に、豊田から数回通って葉かき作業を行います。

そうして9月上旬、豊田の最低気温が25℃を下回り、早朝の気温が23～24℃になったら、苗を山から下ろします。軽トラの荷台に棚をつくり、稲の苗を運ぶ棚にコンパネを入れて、そこに苗を並べ、風で乾かないように防虫ネットをかけて運びます。気温が25℃を下回らないうちに山から下ろすと、確実に炭疽病が出るので注意しましょう。

ハウスと栽培環境

現在は幅5×42mのハウスが5棟、6×38mのハウスが4棟。合わせて9棟のハウスで、約1万株のイチゴを、促成栽培で育てています。

燃料を焚いて温度を上げるヒートポンプを使わない無加温の土耕栽培。冬の間ビニールを2重張りにしておくと、朝の外気がマイナス5℃でも内部は4℃を維持できます。

近年、イチゴは作業性を良くする高設栽培が増えていますが、栽培用のベッドが地面から離れているため、地温が確保できません。土耕であればどんなに外が寒くても、地温9℃を維持できますが、高設培地の場合は外気と一緒になってしまいます。地温を活用できるのが土耕栽培の強み。土耕でなければ無加温栽培は不可能なのです。

一方、土耕では一度投入した肥料を「抜く」ことはできません。肥料が多過ぎて、EC値（電気伝導度の数値。土壌の塩類濃度を示す目安）が高くなると根が傷みますが、水をたっぷり与えて無肥料で栽培してマルチをめくると、真っ白な根が出てきます。

かつてイチゴハウスで病気などで欠株が出たとき、あいた場所がもったいないので、「カブでも植えておくか」と、耕運もせず肥料もやらずにカブの種をまいたことがありました。すると、とてもきれいなカブができたのです。そのまま繰り返せば無限にできる。このとき「土を起こす必要はないんだ」と感じました。

植えつけ

平谷村で育てた苗を、豊田市のハウスへ運び、植えていきます。ハウスの土耕栽培。高さ40㎝の畝に2列ずつ。株間30㎝で植えつけています。畝は中央

無肥料、不耕起、無加温のイチゴハウス

に3本、隣のハウスとの境界に半分ずつ立てています。これは近隣の土耕イチゴのハウスと変わらぬ寸法です。植えつけの時期は、極力涼しくするために、ハウスの天井はあけたまま。ビニールもなく、畝にはマルチも張っていません。

イチゴ栽培の株間は普通20～25㎝で定植すると思いますが、当園は30㎝あけています。こうすると春になり株が大きく育っても、葉が重ならないので病害虫が出にくくなります。また、株間を大きくとると根張りがよくなるので、株が疲れて実が取れなくなる「なり疲れ」を防ぐ効果もあります。

植えつけ前の8月下旬、畝に電動ドリルを使って直径7・5㎝の穴をあけます。

以前は手作業で穴を掘っていましたが、不耕起栽培の土は硬くしまっているので大変。腱鞘炎になったこともありました。いまは水を打ち、ドリルで穴をあけるようにしています。

9月上旬、あけた穴に苗を植えつけていきます。植えつけ後、灌水チューブとシャワーを使って水やりをします。雨が降れば、根はすぐ活着します。

主な病害対策

植えつけ後は、水と一緒に500～1000倍に希釈した「食酢」を混ぜて与えています。ミツカンが製造している醸造酢で酸度が家庭用より高い15%

の酢。殺菌作用と植物体内の余分な窒素を消化させる効果があり、青森の木村秋則さんも愛用されている資材です。

　特に炭疽病はこれがなければ防げません。炭疽病は、9月に入ってもまだ残暑が続く高温な時期によく出ます。食酢を5日間まかないと、てきめんに出るので、うちでは2日に一度散布するようにしています。

　酢を散布する際は、ベンチュリー式の「液肥混入器」を使うととても便利です。混入器をつけた水やりのホースに食酢を入れたペットボトルを取り付けておけば、吸い上げて一定の濃度で混ぜることができ、水やりのついでに散布できるので、作業がとても楽になりました。

　うどんこ病は30℃近い温度だと活動できなくなるので、日中ハウスの中を30℃くらいにキープしておきます。ハウスは風が通らないように片側だけの換気にしておくと、うどんこ病の胞子が飛び散らず抑制できます。出てしまった場合は500倍程度の酢をかけておくと抑えられますし、出始めに出てしまった実や葉は取り除くことで被害を拡大させないことも重要です。

　アブラムシは寒さが厳しくなると出やすくなります。イチゴの生長が寒さで遅くなってくると、イチゴ株の色がだんだん濃くなってきて、そこにアブラムシがつきます。アブラムシを防ぐ管理は日中にしっかり温度をかけて、イチゴの体内にたまる窒素をしっかり代謝させることです。夜の保温も重要になります。

　ハダニは、イチゴの根がなり疲れで小さくなったり、ハウス内が高温で葉の蒸散が根の吸水を超えて脱水症状になったときに出ます。水やりを欠かさず毎日じゅうぶんにやります。ハダニが出たら水量が少ないのだと思って、水やりの時間を長くしていくとハダニが出にくくなります。これらの害虫対策は原因を取り除く対策です。

　しかし、アブラムシとハダニは悪天候などによって被害が大きくなることがあるので、被害が大きくなると感じたら「粘着くん」というデンプン液を100倍に薄めて散布します。害虫の呼吸穴を塞いで窒息死させる効果があります。本来、自然栽培では、こうした資材は使わないほうがよいという意見もあるかもしれません。しかし、天候不順のためにハダニが発生したときは、このデンプン液が不可欠です。殺菌剤としての食酢とデンプン液を活用して栽培を続けています。

栽培管理

9月に入ってもまだ暑い日が続くので、ハウスの天井はビニールを張らずにあけたまま。だんだん気温が下がり、台風が来なくなる10月15～20日頃になってから張るようにします。そして11月初頭、ようやく畝に黒マルチを張って、保温性を高めていきます。

定植後、最初についた花芽は取り除き、葉かきを行います。畝にマルチを張るまで4～5枚になっているとよいでしょう。

12月に入り最低気温が5℃を切る前に、ハウスのビニールを2重張りにして、保温効果を高めます。イチゴは12月末のクリスマスの時期に需要のピークを迎え、年を越して1月に入るとだんだん花が増えてきます。次々花が咲いてきて、味ものってくるのです。

芽かき

肥料を与える通常のイチゴ栽培には「芽かき」という作業がありますが、芽と根が連動している自然栽培では、余計な芽は出てこないので芽かきは必要ありません。

特定の実に栄養を集中させるために行う「摘花」や「摘果」も必要ありません。ここの場合、大粒だけでなく小粒の実も販売できるので、実の大きさや粒数をコントロールしなくても、できた実は無駄なく販売できるのです。

水やりのポイント

イチゴの自然栽培は、暖房機を使わず耕運も行いません。また、追肥や液肥の葉面散布も行いません。かといってなにもしないわけではありません。収量や品質、食味を上げるには、水やりが大きなカギを握っています。

最初の実がつく12月までは、水やりは毎朝灌水チューブで行います。ところが冬至過ぎまで同じ時間に行っていると、味が落ちてきます。冬至を過ぎて日が長くなると、イチゴは生殖生長から栄養生長に生育を切り替えて株をつくり始めるためです。その時期に入ったら、午後2時頃の水やりに切り替えます。実はもっと遅い夕方に灌水するほうがおいしくなるのですが、その代わりにハダニが出やすくなる。そのかねあいが難しいのです。

3月ぐらいになると日がさらに長くなり、イチゴが体がつくる栄養生長に傾くので、3時に水やりします。もしも、味が落ちて困ると思ったら、5時に。すると糖度20度ぐらい出せますが、代わりにハダニが出ます。糖度は13~15ぐらいでじゅうぶん。お客様の評判も、株の状態もよいのです。

それでも曇天が続いて光合成ができないと、糖度が上がらず、食味が落ちてしまいがち。当園は糖度が11度以下になったら出荷しません。うちで一緒に作業している社会福祉法人無門福祉会の人たちが引き取り、ジャムに加工しています。

土壌消毒

栽培が終わって6月の梅雨が明けたら、畝のマルチを外して捨てて、別のマルチを張り、ハウスの天井のビニールはそのままにしておきます。すると7~8月、ハウスの中は40℃を超える高温になります。こうして太陽熱消毒を行うことで、栽培期間中雑草に悩まされることがなくなります。

ミツバチによる交配

栽培期間中、ハウスにミツバチの巣箱を置いて受粉を行っていますが、その間ミツバチに糖蜜などの餌は与えていません。以前は他のイチゴ農家のように、ハチに糖蜜を与えていました。ところが巣穴がハチで埋まって、女王が産卵スペースを確保できず、働きバチがいなくなってしまうということが起きてしまいました。

よくよく観察してみると、ミツバチはイチゴに寄生したアブラムシが分秘した蜜を集めているのです。だから余計な餌はいらない。もし、農薬を使っていたら、アブラムシはつかないので、糖蜜が必要になるでしょう。ところが自然栽培では、アブラムシの出す蜜をミツバチが採取している。そんなサイクルができていて、うまく循環しているのです。

営業と販売

イチゴは、大半をスーパー「やまのぶ」でパック入りで販売しています。必ずしも低廉とはいえない価格でも売れるのは、「味がよい」と評判だから。

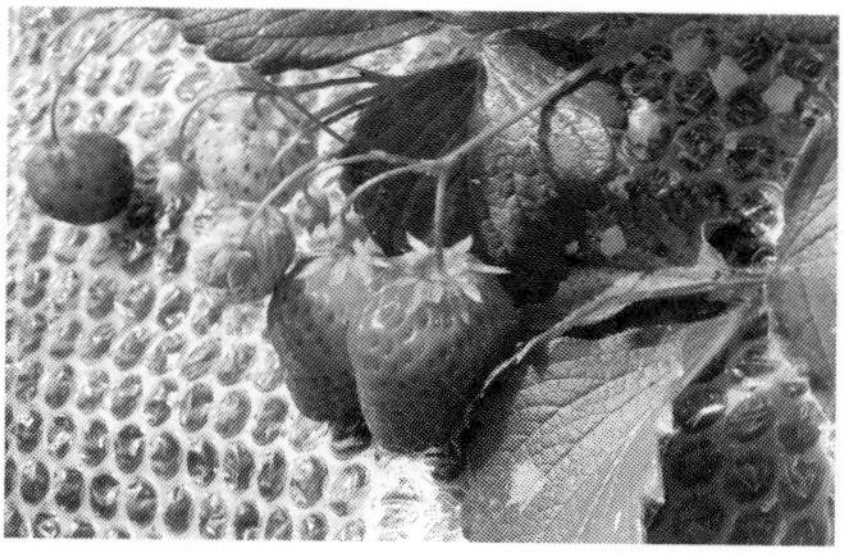
収穫期のイチゴ

パック詰めのラベル

さらに安全・安心を求める人たちも購入してくださいます。

イチゴを購入した方々が「自然栽培のイチゴだ！」とSNSを通じて拡散してくださるので、こちらが宣伝しなくても年々顧客は広がっています。

わたしたちは人生をかけて生産しています。極端な言い方かもしれませんが、営業や販売に力を割いたら絶対に中途半端になるだけ。絶対に生産物で人を振り向かせる。次元を超えた商品をつくれば、絶対話題になるし、口コミで広がって必ず売れていく。就農して15年。ようやくそんな流れができてきました。

■愛知県豊田市
（まとめ協力・三好かやの）

〈参考文献〉
田中裕司著『希望のイチゴ』（扶桑社）

〈高木性常緑果樹〉ミカン科

柑橘（温州ミカンほか）

イベファーム　井邊博之

自然栽培事始め

自然栽培とは、肥料や農薬を用いない栽培のことをいいます。ここではまず、慣行栽培から自然栽培への切り替えをどのようにするかを考えてみたいと思います。

有機質肥料と農薬散布

柑橘で多く用いられている肥料は、魚粉を多く含む有機質肥料です。有機質肥料は微生物の力を借りてゆっくり植物が吸収できる形態に変化していくので、効き目が長く続きます。5年程度土の中に肥料分が残っていた場合もあるらしいです。

農薬散布を突然中止すると、ほとんどの果実の表面に黒い小さな点がついてしまいます。これは黒点病といい、柑橘の枯れ枝を分解する糸状菌が雨で果実表面につき、果実が反応して黒い小さい点になるというものです。

果実の皮の色が黒くなるだけで、果肉がまずくなることはありません。しかしながら、見た目が重要な要素となる市場では受け入れられず、規格外品となってしまいます。これを避けるために、柑橘農家は雨量が200〜300㎜程度、もしくは1か月に1度殺菌剤を散布しています。

慣行栽培から自然栽培に切り替えたときには、自然栽培としての販路が確立していないと考えられます。したがって、まずは慣行栽培の販路に出荷できるように、果実の外見を重視することが得策だと考えます。このため、慣行栽培から自然栽培に切り替えるには、農薬散布は使用回数を減らししつつ継続して行い、施肥をまずやめることが重要となります。

土づくりの基本

慣行栽培から自然栽培へ切り替える際に最も重要なことは、地下水位をじゅうぶん低く保つ必要があるということです。自然栽培では根が土中に深く入りますので、地下水位が低くないと根腐れしてしまいます。わたしの経験からですが、元水田の園地で柑橘の自然栽培を行うと10年ほど自然栽培を続けても枝先が枯れたり、虫の被害が多かったりします。

山の斜面を利用した中山間地は、地下水位が低い場所が多いです。特に石垣を利用した段々畑は、自然栽培に適した柑橘園地となります。さらに朝日が当たり、朝露が早く乾く東に面した斜面は最適です。中山間地においても、まれに地下水位が高い場所があります。ツユクサが繁茂するような柑橘園地は、自然栽培には適していないので気をつけたほうがよいです。

このような場所は、斜面の下部に土中の水や空気の流れを止めるような構造物、例えば農道やU字溝などが設置されていると思われます。園地の下部や上部に溝を掘り、土中の空気の循環を促すことがよいと思います。

地下水位が低い場所において土づくりの基本は、草を生やすことです。隣接する柑橘園地が慣行栽培である場合、互いに険悪な関係にならないように草を刈る必要があるかもしれません。このときには草を地際で刈るのではなく、ある程度の高さまで草を残すとよいと思います。草は風で曲がるところで刈ると細根が出やすいといいます。

草の根から根酸という有機酸が出て、土壌中の栄養素を植物が吸収しやすい形に変えてくれます。根酸は細根から多く出ます。さらに、草の根から土壌中に多くの有機物が出ることにより、土壌中の微生物を活性化させるともいわれています。草を生やすことにより、草の根が根域の微生物を活性化し、かつ果樹の根が栄養を吸収しやすいようにします。

マメ科植物のはたらき

多様な土壌微生物を育むことが重要です。そのためには、多様な植物があるほうがよいと考えます。土壌に窒素分が少ない場合には、マメ科の草が勝手に生えてきます。マメ科植物の根には根粒菌がつき、空気中の窒素を固定して植物が吸えるように変えてくれます。

根粒菌はマメ科植物と共生関係を結び、空気中の窒素をアンモニア態窒素としてマメ科植物に渡し、マメ科植物から光合成の成果物をもらいます。土壌は、マメ科植物の根により有機物が供給されるとともに根酸により周囲の栄養を吸えるようにしてくれます。よって、マメ科植物は有機窒素を土壌に供給するだけでなく、土壌に固定されていたミネラルなどを周囲の植物が吸えるように変えてくれます。

マメ科植物だけでなく、草の根は多くの有機物を土壌中に供給しますし、枯れたときには土壌微生物の餌になるとともに根の空隙を通して酸素が供給されます。その結果、土壌微生物が活性化されます。

土壌表面に凹凸をつける

慣行栽培から自然栽培に移行する際、除草剤で弱った土壌には多様な草が生えません。オオアレチノギクやヒメムカシヨモギなど背が高く大きくなる草が生えてくると思います。

これらは刈らずに倒して邪魔にならないようにすると、根が土中に残ります。自然栽培1年目では、強めの剪定や強めの摘果を行い、ほとんど収穫物がないようにするのがよいです。

2年目の春には、多少草の多様性が増します。春になって剪定作業の際に、株元から木の枝の先までの円の中（樹冠）において、深さ5cm程度で半径5cm程度の小さい穴を数十点ぐらい掘って土壌の表面に凹凸をつけ、土壌に空気を入れることがよいようです。少しずつですが、土壌微生物を活性化させる良い方法です。

素顔と栽培特性

ここでは、温州《うんしゅう》ミカン、甘夏、清見とレモンについて、その素顔と栽培特性について説明します。

温州ミカン

温州ミカンの主な生産地は関東以南ですが、耐寒性があり、早生《わせ》ミカンは新潟の佐渡でもつくられています。自然栽培の場合、苗木が大きくなるまでに時間がかかります。植えてから5年程度でようやく収穫が可能になります。

甘夏

甘夏の耐寒性は温州ミカンより若干弱く、伊豆や渥美半島、紀伊半島や九州など暖かい地方でつくられています。甘夏は温州ミカンに比較して樹皮が厚く虫の被害を受けにくいため、放棄園でも10年程度自然に育つことがあります。自然栽培をしやすい品種です。

収穫した温州ミカン

清見

清見は、温州ミカンの宮川早生とトロピタオレンジの花粉を交配して育成した品種です。皮の厚さが温州ミカンより厚く、温州ミカンより虫の被害には強いようです。寒さに対しては甘夏と同じくらいの強さです。寒さで乾燥が進むと、自然栽培では寒害を受けやすいです。また、果皮障害を受けやすいので、土づくりが重要になります。

レモン

日本ではレモンは、リスボン種とユーレカ種が主に栽培されています。瀬戸内海で多く栽培されていますが、温州ミカンの栽培地とほぼ同じような暖かさの場所でも栽培されています。かいよう病に弱いので、日はよく当たるが風が強いといったところではなく、日照時間が短い谷間のようなところのほうがきれいなレモンを栽培できます。特に自然栽培にする場合、レモンは谷間で栽培するとよいと思います。

系統・品種

甘夏、清見とレモンの系統や品種については別の書籍に説明をお譲りします。ここでは、温州ミカンの系統や品種について、自然栽培を行ううえでポイントとなる考え方を記します。

温州ミカンには、多くの系統と品種があります。まず、温州ミカンが完熟する時期で、極早生温州、早生温州、中生《なかて》温州それと晩生《おくて》温州と大きく分類できます。柑橘の皮の厚さと樹の皮の厚さには関係があるようです。

早生温州ミカン

早生温州ミカンの皮は、四つの分類中で最も薄いです。宮川早生は皮が薄く、収穫が近いときに急に大量の雨が降ると、皮が裂けることがよくあります。宮川早生より皮が少し厚い品種に、興津《おきつ》早生と田口早生があります。

自然栽培では、樹皮の割れ目に卵を産むミカンナガタマムシの被害を受けます。ミカンの皮が薄い品種の樹は樹皮も薄いため、宮川早生の樹はミカンナガタマムシの被害で枯れやすいといえます。早生ミカンを自然栽培で育てるときに覚えておく必要がある重要なポイントです。早生ミカンの収穫時期は、11月の初旬から12月の月末までぐらいになります。

極早生温州ミカン

次に皮が薄いのは極早生温州ミカンです。極早生温州ミカンの収穫時期は、10月初旬から10月の下旬までです。近年は、収穫時期を早めにできる新品種が多く出てきています。

和歌山では、味が濃い品種としてゆら早生ミカンが多くつくられています。ゆら早生を品種改良したＹＮ26は、9月の中旬から収穫することが可能になっています。

ゆら早生を自然栽培すると、味が濃くなり酸っぱくなります。収穫を遅らせるか、収穫後少し貯蔵してから出荷するなどの方策が必要です。極早生温州ミカンは他にも日南1号や日南の姫など多くの品種があります。

中生温州ミカン

中生温州ミカンは早生ミカンよりは皮が厚く、晩生温州ミカンより皮が薄く、向山《むかいやま》という品種があります。

収穫時期は、11月の後半から12月の前半にかけてになります。最近の温暖化の影響を受け、皮と実の間に隙間ができる浮き皮が出やすいという問題があり、品種改良したきゅうきという品種が出てきています。

初夏の園地

晩生温州ミカン

晩生温州ミカンは、温州ミカンの中で最も皮が厚く、貯蔵に向いています。収穫時期は12月から翌年の1月中旬までです。1月中頃の周囲のミカン園地が収穫を終えているような状況では、鳥の被害が多くなります。和歌山では林系の温州ミカンが多くつくられています。

静岡では青島温州が多いようです。林系統は中生の向山と同様に浮き皮の問題があり、丹生《にゅう》系の温州ミカンや尾張系の新品種で植美などに注目が集まっています。しかしながら、肥料を使わない自然栽培ではほとんど浮皮が発生することがないので、古い系統や品種でも問題がないと思っています。これ以外に大津4号や寿太郎などの品種があります。

育て方のポイント

植えつけ

自然栽培の苗木は育つのが遅いです。慣行栽培よ

図4-3　自然栽培の柑橘類栽培暦　（和歌山）

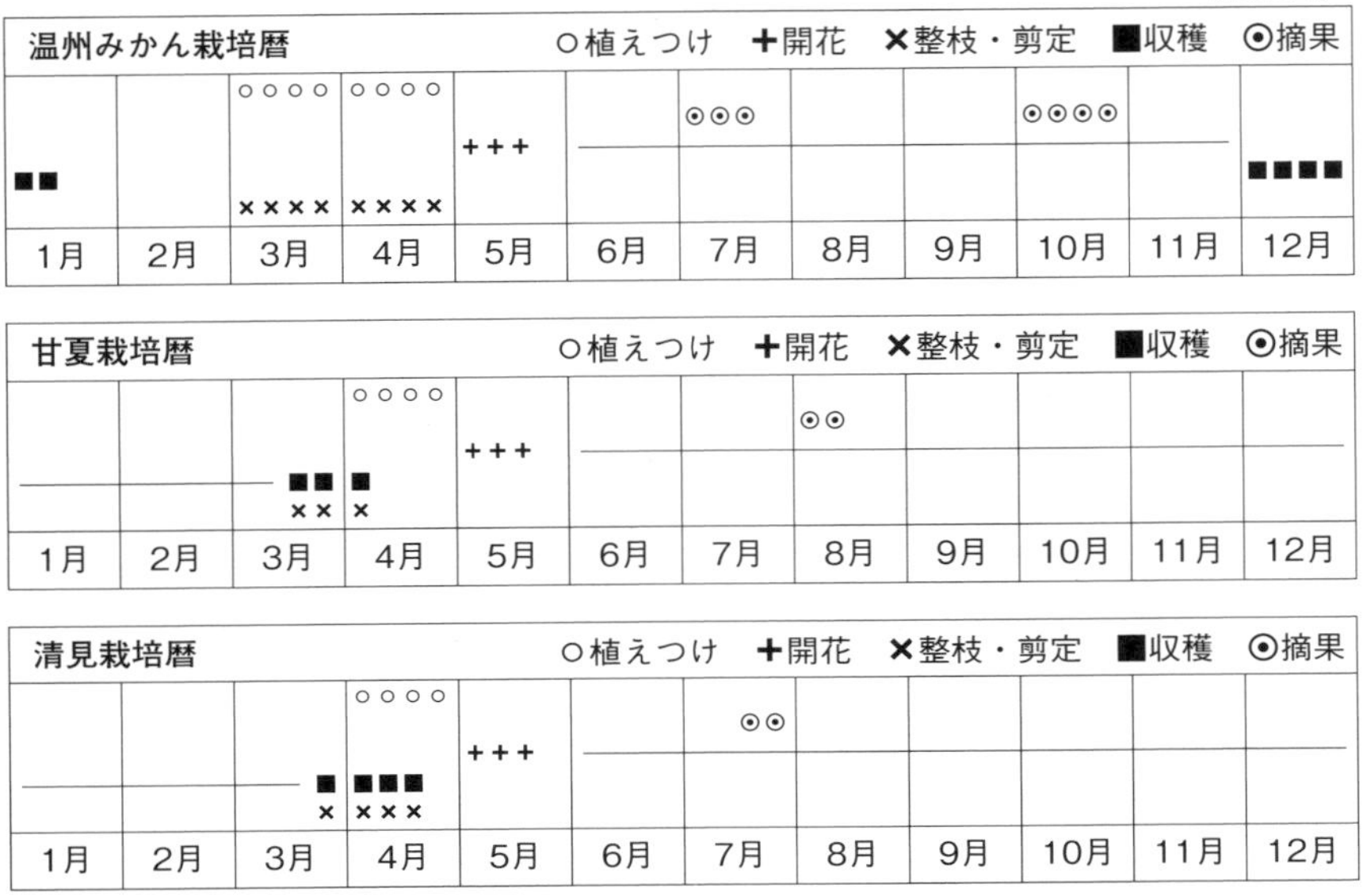

り、おおむね2年から3年程度遅れます。品種や仕立て方にもよりますが、1年生の苗木を植えつけた場合、実をつけるのは4年から5年後になります。実をつけるのが遅いといわれている丹生系を植えましたが、2年生を植えて実をつけたのが5年後になりました。結局、安定して収穫できるまでには10年程度かかると思います。

苗木の種類

購入している苗木は、肥料や農薬を使用している慣行栽培用の苗木です。JAから購入しています。早く自然栽培の環境に慣れるようにと考えて1年生の苗木を購入していますが、1年後の2年生の姿を見ると、2年生で購入した苗木の姿のほうがりっぱです。肥料と農薬を使って2年生にしたほうが当然ながらりっぱになります。早く実を収穫したい場合は、2年生苗木を購入したほうがよいと思います。2年生苗木のほうが値段は高くなります。

植えつけの実際

植えつけは3月から4月にかけて、天気予報で近々に雨が降るような日に行います。柑橘園地に剣先スコップで台木の部分が数cm程度出るように穴を掘り、苗木を入れて土を戻します。山間部の柑橘園地にはウサギがいますが、ウサギは柑橘の葉っぱが大好きで枝を歯で噛み切ります。噛み切られた苗木の生育は非常に悪く、翌年植え替える必要があります。ウサギに噛まれないように、防鳥ネットなどで苗木を巻きます。防鳥ネットで巻くことによりチョウチョウが葉に卵を産めなくなり、青虫の被害を避けることもできます。

しかし、防鳥ネットは新芽の緑が濃くなる6月頃に苗木の上部を開放しないと、新しく出た枝がネットで押さえられて曲がってしまいます。自然栽培では、少しでも苗木の生長を促すために、主幹の切り戻しをせずにそのまま植えます。枝は上部から出ます。

苗木を植えつける（防鳥ネットで囲む）

2年生の苗木は、すでに枝が5本程度出ています。2年生の苗木は土つきの場合、植え穴を掘って土つきのまま植えます。土つきの土は肥料を使用したものので、無肥料の樹園地の土とはにおいが違うためイノシシなどの動物が掘り起こす場合があります。周囲に防御柵を設置している柑橘園地に植える場合は大丈夫です。2年生苗木をウサギの被害から守るために、肥料屋さんから肥料袋をもらってきて袋を貫通させ苗木にかぶせています。

仕立て

柑橘の仕立て方は、開心自然形がよいと思います。主枝を3本程度とします。主枝が垂直方向に近いと生長が早いようです。しかしながら、自然栽培の場合、虫の被害にあいやすい感じがします。これは、肥料を入れた場合と同様に、主枝を構成する植物の細胞が大きくなるけれども細胞壁が弱く、虫の被害を受けやすいためです。主枝はあまり垂直にならないほうがよいです。

整枝・剪定

剪定の時期

剪定の時期は、3月初旬から4月の後半までが目安です。それ以外の場合、収穫と同時に切ったりします。特に甘夏や清見などの晩柑類を剪定する時間がとれないので、3月の収穫の際に果梗枝を切り落としながら果実を収穫します。枯れ枝も同時に切り落とします。

枝の扱い方

剪定では主枝から出ている複数の亜主枝同士が重ならないようにして風が樹の中を通っていくようにすることが基本です。これは雨が上がったときに、できるだけ早く樹全体を乾かしたいからです。乾燥は病気も虫の被害も少なくします。

自然栽培の場合、余剰窒素分が少ないためか葉っぱの数が慣行栽培より少ないように思います。そのため、軽い剪定を行います。わたしは前のシーズンに果実がついていた上向きの果梗枝を重点的に切ります。前のシーズンに着果が少なかった樹は、花が咲く枝が多いと思います。この場合は、上向きの結果母枝を少し切って風通しを良くします。前のシーズンに着果が多かった場合は、上向きの果梗枝だけ切ることにしています。

これ以外には、通路を邪魔している枝や上に向かってどんどん伸びる徒長枝などを切ります。ほとんど剪定ばさみの作業です。剪定の切り口は、上を向いていると覚えていただけるとよいでしょう。自然栽培の提唱者である木村秋則さんからは、果樹の剪定は剪定する樹の葉っぱの葉脈を見て行うとよいと教えていただきました。側枝から出ている葉っぱの葉脈、亜主枝から出ている側枝、どこで見ても相似に見えるフラクタル構造になっています。

自然栽培で重要なのは風通しであって、あくまで切り過ぎないことです。自然栽培では、9割以上葉っぱを残すように考えればよいです。上向きの果梗枝を切る程度でじゅうぶんです。それと枯れ枝を切り落とすことが重要です。枯れ枝は時期に関係なくいつでも見つけたら切るのがよいです。

摘蕾・摘果

柑橘では、摘蕾は非常に難しいです。樹勢が弱った樹は花がたくさんつきます。このような樹を摘蕾しても、また花がついてしまいます。また蕾の状態が短期間なので、柑橘園地が広い場合は時間的に間に合いません。

摘果は、温州ミカンの場合、7月の初旬に粗摘果を行い、9月頃から10月頃まで仕上げ摘果を行います。清見は、7月中頃に仕上げ摘果を1回行うだけです。甘夏は8月頃時間があれば行います。

温州ミカンの摘果には、いろいろなやり方があります。樹が小さい場合は、粗摘果は樹の上部3分の1程度を全摘果してしまいます。これによって樹の上部から夏芽を出させて、樹を大きくします。樹が大きい場合、粗摘果は樹の裾の部分の果実を落とします。1割程度の摘果とします。

仕上げ摘果では、上を向いている果実を落とし、樹についている果実がほとんど下向きになっている感じにします。葉っぱの数が25枚に果実が一つ程度になるようにします。

清見では、温州ミカンの粗摘果が終了する時期の7月中頃に摘果をします。清見は果実がたくさんついた翌年はほとんど着果しないぐらい隔年結果性が強いです。特に自然栽培する場合には、隔年結果がより顕著になります。2年に1回収穫のつもりで、果樹園地の半分を表年にするとよいと思います。剪定で結果母枝をすべて切り取ることや、6月後半に果実をすべて摘果してしまうことで、清見園地全体で収穫量が毎年変わらないようにします。

甘夏は摘果しなくても毎年結実します。しかし、果実が小さくなるので、8月に葉っぱ100枚に1個程度に間引きします。時間がない場合は、11月頃に小さい果実を切り落とすような作業でもよいでしょう。

レモンは、ほとんど摘果しません。あまりにも多く着果した場合は、ある程度間引きます。

鳥獣害対策

温州ミカンと清見は、鳥獣害を受けやすいです。一方、甘夏やレモンはほとんど被害がありません。温州ミカンの収穫は年内がほとんどなので、鳥害の対策は必要ありませんでした。しかし、最近カラスの被害を受けるとの話を聞きますので、糸を張るなどの鳥害対策は必要かもしれません。清見は収穫が春なので、ヒヨドリの被害を受けます。鳥よけネットで清見園地全体を覆ったり、果実に袋をかけます。

袋には紙製や布製があります。紙よりも布のほうが短時間で袋かけできますが、冬の間の寒い雨で濡れて風が吹くと布製の袋は温度が下がり、寒害を受けてしまう場合があります。特に自然栽培の清見は、寒害の影響を受けやすいので注意が必要です。

イノシシ、シカやサルなどの獣害対策は、慣行栽培でも自然栽培でも変わらないので割愛します。

果実の収穫

甘夏は酸が高いので、収穫後すぐに販売せずに1か月程度貯蔵するとよいです。慣行栽培では収穫前に防腐を目的として殺菌剤を散布します。自然栽培では農薬を用いませんので、貯蔵性が慣行栽培と異なります。自然栽培で4年目ぐらいになりますと緑カビや青カビが減ってきます。

しかし、2か月以上貯蔵すると、果梗部の萼が枯れ、果皮が茶色く腐敗することがあります。これは、軸腐れという症状です。腐敗菌が果梗枝から果実内部に侵入して腐ります。この腐敗菌は、枯れ枝に付着して雨で果実の表面に黒い点をつける糸状菌と同じものといわれています。自然栽培では黒点病を抑える殺菌剤を散布しませんから、慣行栽培より軸腐れになりやすいことに注意が必要です。軸腐れは、貯蔵温度を低くすることで少し軽減されます。

主な病害虫対策

カミキリムシ

柑橘の自然栽培で大きい問題は、カミキリムシです。成虫は枝の樹皮を食べるだけですが、幼虫は幹や根の中に入り木質部を食べてしまいます。成虫が株元に卵を産み始めるのは６月頃からです。成虫は湿気の多いところを好むので、５月に入ると株元の草を半径50㎝ぐらい刈ります。小さい樹は少し小さめでよいでしょう。

草を刈らずに倒す自然栽培農家もいます。草を刈る目的は、株元の乾燥とカミキリムシの幼虫が出す木くずを早く発見するためです。カミキリムシの成虫は株元に切れ込みを入れ、長さ２㎜ぐらいの米粒状の白い卵を産みつけます。６月に入ると株元を見

株元の草刈り。カミキリムシの産卵を減らす

回って卵をつぶす作業を行います。卵が幼虫に変わる頃、樹から樹液が出ます。樹勢の良い樹の場合、樹液で卵を押し出して幼虫が樹の内部に入ることを防ぎます。

しかし、樹勢が弱っている樹では卵から幼虫になり、樹や根を食べ始めます。株元を観察して木くずが出ている樹の穴から幼虫を針金を使って取り出します。幼虫は樹に数年います。成虫になる手前の幼虫の長さは50㎜ぐらいになります。ちなみに成虫は、卵を産むために株元にいることがあります。この場合は捕殺することをおすすめします。

ミカンナガタマムシ

カミキリムシの被害を受け樹勢が弱った樹は、樹皮の一部に割れ目ができます。ミカンナガタマムシはこの割れ目に卵を産みます。卵から生まれた幼虫は形成層をどんどん食べます。樹は、形成層を食べられると枯れ始めます。

春には成虫になって近くの樹に移動しますので、農薬を使っていない樹園地の柑橘の樹は数年で枯れ

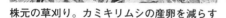

てしまいます。樹皮に割れ目がない若い樹だけが生き残れる感じです。

ミカンナガタマムシの成虫は、葉っぱの端を食べます。樹の上部の葉っぱの端がギザギザになっている場合は、ミカンナガタマムシが来ていると考えましょう。樹勢を落とさないことがいちばんの対策です。そのためには、カミキリムシの幼虫をしっかりと取ることです。それと、ミカンナガタマムシの被害で枯死した樹は焼却するか、柑橘園地に穴を掘って埋めます。

カイガラムシは地下水位の高いところで発生

カイガラムシ

自然栽培を始めて数年間は、カイガラムシの被害を受けることがあります。ヤノネカイガラムシは増えると果実にゴマのように付着します。また、葉っぱや枝につくと冬に枝が枯れます。出荷の際に、圧縮空気を使ってヤノネカイガラムシを飛ばすなどします。数年後には、天敵が増えてヤノネカイガラムシが激減します。天敵はヤノネツヤコバチという小さな蜂だそうですが、わたしは見たことがありません。ヤノネカイガラムシのメスの成虫に小さな穴があれば、天敵が現れています。

自然栽培で厄介なカイガラムシに、ルビーロウムシとワタカイガラムシがあります。両方ともかなり被害が大きくならないと天敵が来ないです。このカイガラムシの排泄物につくカビにより、果実が黒くなります。スス病といいます。このカイガラムシは地下水位が高いところで発生します。中山間地においても、地下の水が集まりやすいところには発生します。

サビダニ

自然栽培では、サビダニの被害を大きく受けることがあります。自然栽培4年目ぐらいで1か所の柑橘園地の収穫のうち半分程度、果皮の色が銅色になってしまったことがあります。しかし、次の年には天敵が来てほとんど被害が出なくなってしまいました。病害虫については、我慢強さが必要かと思います。

潰瘍病

レモンの潰瘍病については、雨と風を受ければどうしても被害を受けてしまいます。苗木から自然栽培で育てたレモンの樹は10年後、ほとんど潰瘍病の被害を受けなくなりました。

生理障害・気象災害対策

柑橘の自然栽培は、慣行栽培より気象変動に大きい影響を受けると思っています。自然栽培では、収奪するぶんの栄養を樹が自ら補いますので、異常な環境に適応して自らを守るために、果実の量を自ら調整していると考えられます。したがって、環境の変化に対して、収穫量は慣行栽培より不安定になると考えられます。

自然栽培の清見は、果皮障害になりやすいことに注意が必要です。自然栽培に切り替えて5年間ぐらいは、果皮が一部茶色くなる虎斑症に悩まされます。栄養障害が原因のようです。自然栽培で土ができていないときには、虎斑症が多く発生します。10月頃に摘果をしても改善しません。7月頃の早い摘果か、結果母枝の強い剪定で果実を減らす必要があります。虎斑症が多く出た場合は、出荷時の選果が重要になります。果皮の茶色い部分が大きい果実は、味が悪くなりますので加工用にもできない場合があります。大量に清見園地に捨てた経験があります。

出荷・販売

選果

自然栽培では、選果は非常に重要です。果皮の黒点や幼果のときの傷などがある果実は、正品として販売します。したがって腐敗する傷かどうかを見きわめる選果が要求されます。さらに、まれに直径0・5㎜程度の小さい穴があいている場合があります。果実の中にハモグリガやハモグリバエの幼虫が入っています。エアガンで圧縮空気を果実に当てたとき、穴があると果実が膨らむのでその存在がわかります。わたしは販売用段ボールに果実を入れるまでに2回選果を行っています。

出荷・販売先

自然栽培を始める際に気にしておかなければいけないことは、販売先です。収穫してから果実の販売先を探すのは非常に難しいです。道の駅や産直での販売においても、自然栽培という言葉の定義がいろいろであったり、周知されていないこともあり、ポップにその言葉が使えなかったりします。

無農薬という言葉は使用できないですし、「栽培期間中農薬不使用」という言葉も禁止されている場合があります。SNSなどネットを利用した販売でも、ある程度フォロワー数を確保する必要があります。そのためには、販売する時期をかなりさかのぼって、自分の思いなどをフォロワーに知っておいてもらう必要があります。

わたしは自然栽培を始めたとき、収穫のかなりの量を慣行栽培として販売しました。自然栽培のセミナーやSNSなどを通して、自然栽培の果実の販売先を決めていくといったやり方をしました。いきなりすべての栽培を自然栽培で行うには、栽培開始と同時に販売先を探していく必要があります。柑橘の自然栽培を開始したいと考えている方は、柑橘の自然栽培を行っている農家に相談されることをおすすめします。

もう一つ留意しておきたいのは、自然栽培の農産物は出荷量が不安定だということです。このことは販売側もよくわかっているので、販売側も出荷可能な農家さんを複数にしています。この逆として、農家としても出荷先を複数にしておくことが重要かと思います。

■和歌山県海南市

〈低木性落葉果樹〉ミカン科

サンショウ

飛騨山椒　内藤一彦

素顔と栽培特性

サンショウは、ミカン科サンショウ属の落葉低木です。東アジアおよび日本が原産で、中国や朝鮮半島の一部にも分布。日本では北海道南部から九州までの山地に自生しています。

収穫期のサンショウ（タカハラサンショウ）

実をつける雌株と、花は咲いても実を結ばない雄株がある雌雄異株の作物です。春に出る新芽は「木の芽」と呼ばれ、手のひらにのせ、パンとたたけば独特のさわやかな香りを放ちます。

雄株の花は「花山椒」として高級料理のツマや佃煮などに利用されます。また、開花後30日くらいで収穫される未成熟の生果は「実山椒」、成熟した果実は「山椒」と呼ばれ、香辛料や漢方薬にも利用されています。

系統・品種の違い

アサクラサンショウ

兵庫県但馬地域で栽培。江戸時代から知られていましたが、昭和初期、植物学者の牧野富太郎博士によりアサクラサンショウと命名されました。朝倉村に自生していたものを、栽培用として系統選抜し、昭和50年（１９７５年）代頃から本格的な苗木の栽培が始まっています。トゲがなく果実が大きく豊産性なのが特徴です。

ブドウサンショウ

ブドウサンショウは、和歌山県有田川町遠井地区で発見された品種。枝に小さなトゲがありますが、樹高が低く、栽培に適しています。ブドウの房のようにたくさん果実をならせ、実も肉厚です。

タカハラサンショウ

タカハラサンショウは、わたしが住む岐阜県高山市の奥飛騨温泉郷の限られた場所で栽培されています。実が小ぶりで深い緑色。寒冷地特有の香り、辛さ、舌にピリッとくる「しびれ」が特徴です。

育て方のポイント

わたしが取り扱うサンショウ（タカハラサンショウ）には、無農薬で自然栽培に近い形で栽培されているものがあります。長年の生産者との交流、知見などを基に育て方の一端を述べます。

畑の準備

サンショウは、酸素をかなり必要とする植物なので、根は深さ20㎝まで分布しています。細根はもろく、根が傷みやすい性質があります。排水のよい土壌で生育しますが、地下水位の高い場所では枯死しやすいので、植える場所に注意しましょう。

植えつけ

植えつけには、春植えと秋植えがありますが、当地では降雪を避けて春植えが一般的です。また、サンショウは連作を嫌うので、苗木を植えつける場合は、以前サンショウが植えられていた場所を避け、他の場所に植えるようにします。また、同じ場所に植えるときは、植え穴をずらします。

植え穴は直径1ｍ、深さ40～50㎝が目安。水田のように水はけが悪い場所に植える場合は、あらかじめ耕盤を破砕して植えます。植え終わったら、苗の周囲に水をたっぷり与えます。そして苗の地上部を30～50㎝に切り返します。サンショウは根が浅いので、草は刈って取り除きます。

雌株が結実するためには、雄株の花粉をハチやアブなどの昆虫が運んで受粉を行います。結実を安定させるために、受粉樹として雄株を全体の10～20％

サンショウの園地

植えるか、雄株の穂木を雌株に高接ぎします。

整枝・剪定

植えつけ1年目は、一株当たり枝を4本残し、他の枝は間引きます。2年目まで主枝の延長枝は、先端から3分の1ほどを切り戻し、枝上の房は摘果します。3年目以降は主枝・亜主枝を決め、競合する枝は早めに間引きます。伸びた枝の3分の1～半分は間引き剪定を行い、残りの枝には切り返し剪定と春の摘蕾を行って、勢いのある新梢を確保します。

主な害虫対策

アゲハチョウ（ナミアゲハ）の幼虫による葉の食害が発生します。4月頃、園地を巡回し、樹をよく観察して見つけたら捕殺します。一晩で壊滅的な被害を受けることもあるので、この時期に駆除しておくと、被害を抑えられます。

アブラムシやハダニ類は3～5月頃、幼木に発生することがあります。葉の緑色があせたり、葉焼けや早期落葉を起こしたりします。これらも樹をよく観察して見つけたら捕獲し、焼却します。また、休眠期の冬季にカイガラムシを見つけたら、同様に捕獲して焼却します。

このように薬剤による化学的防除を行わず、枝が込み合わないようにしたりする耕種的防除、害虫を捕殺したりする物理的防除などによって病気や害虫の発生を防ぐようにします。

収穫

サンショウは3年目から結実します。佃煮用、漬け物用、香辛料や漢方薬の材料など、用途によって収穫時期が異なります。

佃煮用　開花から30〜35日の間に収穫する。

漬け物用　果実の色が緑〜暗緑色に変わる頃。

香辛料など　収穫した実を2〜3日天日に干して乾燥させる。

増殖のヒント

増殖法の種類　サンショウの増殖法には、実生、接ぎ木、挿し木がありますが、実生による繁殖は、雌雄の株が分かれるだけでなく、結実まで接ぎ木苗の何倍も時間がかかります。

増殖の方法　挿し木は、その年に生長した枝をカットし、土に挿して発根を促す方法です。3月中〜下旬の休眠枝挿し、6〜7月頃の緑枝挿しがあります。

接ぎ木は穂木を別の台木に接ぐやり方で、サンショウでは最も一般的な繁殖法です。フユザンショウや野生のサンショウを実生から育てて台木をつくり、そこに増やしたいサンショウの樹から3月中旬に挿し穂を採取。4月頃に接ぎ木を行います。

■岐阜県高山市

（まとめ協力・三好かやの）

〈参考文献〉
真野隆司編『育てて楽しむサンショウ〜栽培・利用加工〜』（創森社）

〈高木性常緑果樹〉モクセイ科
オリーブ

埼玉福興　**新井利昌**

素顔と栽培特性

オリーブの起源は、小アジア（アジア西端の黒海、エーゲ海、地中海に挟まれた地域）とする説が有力です。その歴史は古く、５０００～６０００年前、野生種を栽培するようになったのが始まり。現在は地中海沿岸、アフリカ、南北アメリカ、中国、オーストラリア、南アフリカ、日本でも明治期の香川県小豆島《しょうど》での栽培に始まり、80年代のイタ飯《めし》ブームをきっかけに広がりました。現在は全国的に産地と生産者が増えています。

系統・品種

日本へは１９００年代初頭に、香川県などで導入したミッション、ネバディロ・ブランコをはじめ、２０００年代になると、オーストラリアやニュージーランドから導入した品種、さらにイタリアから導入した品種も栽培されていて、いずれも漬け物用、オイル用、その兼用種に分類されます。

品種により仕立てる樹の大きさと樹形は異なり、主幹形（直立性）、変則主幹形（半直立性）、開心自然形（開張性）に大別されます。耐病性や収穫期、含油率等も異なるので、それぞれの特徴を知ったうえで導入品種を選定しましょう。

オリーブは、同じ品種の花粉では受精・結実しにくい自家不結実性の品種が多いので、同じ園地に受粉樹として2種類以上の品種を植える必要があります。特にネバディロ・ブランコは、開花期が早く、花粉量が多いので、受粉樹として最適です。

マンザニロ

スペイン原産。世界じゅうで栽培されている定番品種。小さいリンゴのような実をつけます。開張性で、樹高もあまり高くならず、手もかかりません。含油率は低めでテーブルオリーブ（漬け物）に適しています。

ミッション

アメリカ原産で寒さに強いうえ、直立性が強く、高く伸びる性質があります。葉が細長く、葉裏が白いのが特徴。小豆島で栽培されるオリーブの70％近くを占めています。香りのよい油が取れるため、オイル用として人気。自家不結実性が強いので、受粉樹が必要です。

ネバディロ・ブランコ

スペイン原産。耐寒性と萌芽力が強く、初心者にも育てやすい品種。果実はオイル向け。開花期が長く花粉量も多いので、受粉樹としても使えます。

ルッカ

生長が早くて萌芽力も強く、大きく育つのでシンボルツリーとしても最適です。含油率が25％程度と高いのでオイル用に最適。自家不結実性がそれほど強くなく、1本でも比較的実をつけやすい品種です。

ミッション

マンザニロ

ネバディロ・ブランコ

育て方のポイント

２００4年から香川県池田町（現、小豆島町）からオリーブの苗木を仕入れ、就労継続支援B型事業所のオリーブファームを開設し、栽培・搾油指導者や障がい者の方々とともに取り組んできた育て方の一端を記します。

なお、わたしが切り盛りする埼玉福興は農福連携自然栽培パーティ全国協議会に加入しており、２０２１年には木村秋則さんや自然栽培のプロの方々を招き、ライブ配信による「自然栽培パーティ感謝祭in埼玉」の開催地にもなっています。

畑の準備

オリーブの苗木を畑や庭に植える場合、年間降水量５００～１０００㎜の地域が適当といわれています。つまり年間降水量が１５００㎜を超える日本では、夏場の一時期を除いて、ほとんど水を与えなくても育つのです。オリーブは過湿状態を嫌い、根腐れを起こしやすいので、水のやり過ぎに注意しましょう。

植えつけ

ポット苗の場合は盛夏や厳寒期を除き、いつでも植えつけ可能ですが、一般的に春植え（３～４月）と秋植え（９～10月）があり、根や新梢が生長し始める前の春植え（２～４月上旬まで）が最適です。

なるべく日当たりや風通しのよい場所を選びます。植えつける間隔は、新種や仕立て方により異なりますが、４～６ｍが目安。経済栽培では当初は密植にし、樹の生長に準じて間伐を行い、最終的に間隔を４～６ｍにする方法もあります。

平坦地では正方形に配置する並木植え、傾斜地では作業性を考えて等高線沿いに植えていきます。受粉樹は、風向きなどを考え適切に配置します。

オリーブは弱アルカリ性で、水はけのよい土壌を好みます。また、その根は深さ60㎝までの間に全体の94％、水分や養分を吸収する細根（根径１㎜以下の細かい根）の74％が分布します。そこで植えつけ場所に直径１ｍ×深さ60～70㎝の穴を掘り、植えつけます。

植えつけの際は、苗木のまわりに5～10㎝程度土を盛り上げ、水鉢（ドーナツ型のウォータースペース）をつくります。根が活着するまで風などで苗木が揺さぶられないよう、支柱を立て、麻ひもなどで固定します。

オリーブは乾燥に強い植物ですが、植えつけから1か月前後は根がじゅうぶん活着していないため、たっぷり水を与えましょう。じゅうぶん根が活着してきたら水鉢を崩し、平らにします。

土壌管理・水やり

オリーブは土壌環境への適応力が強く、土の栄養分が少なくても簡単に枯れることはありません。オリーブは根が浅く、枝が広がりやすいので、養分を吸収する細根は樹冠の外側に多くあります。

葉の黄色化、新梢の伸長不足が起きているときは、土壌が酸性化している可能性があります。家庭栽培ではpH5・5～7・5、経済栽培ではpH6・5～7・5が適正とされています。苦土石灰を施して酸度調整を行いましょう。

オリーブは過湿を嫌う作物なので、定期的な水やりは必要ありません。とはいえ、開花期の5～6月、盛夏の水不足の時期には注意が必要です。葉が乾いて巻いていたら、水不足の可能性があるので、土に水が染み込む程度の水やりをしましょう。

樹形と仕立て方

オリーブには大きく分けて三つの樹形があります。目的に応じて選びましょう。
主幹形　主幹が真っすぐ立っている自然な樹形。大きく育つと内部へ光が入りにくく、作業性も悪くなるので、変則主幹形に移行するのが一般的なやり方です。
変則主幹形　主幹を2～3mの高さで切り、主枝を3～4本配置する形。
開心自然形　主幹を40～60㎝にして、主枝を2～3本配置し、斜めに仕立て広げていく開張型の樹形です。

整枝・剪定

生長が旺盛なオリーブは、放置すると枝が込み合いがち。風通しが悪くなると病害虫が発生し、果実のなりも悪くなります。健康な樹を育て、果実をたくさん得るため、整枝・剪定は欠かせない作業です。萌芽力の強いオリーブは剪定にも強く、失敗はまずありません。思い切って剪定します。大きく分けて「間引き剪定」と「切り返し剪定」があります。

間引き剪定　枝の基部から取り除く剪定。樹形を変えずに内部を透かすイメージで、樹内の日当たりや風通しをよくするために行います。

切り返し剪定　枝の中ほどから取り除く剪定。残った枝から新梢の発生を促したり、枝を強く伸長させる作用があるため、結果的に残る枝や葉が増えます。

また、主幹や主枝など、太い部分を切り詰めて樹形を大きく修正する剪定を「強剪定」、不要な細い枝を払って樹形を整えたり、樹内の日当たりや風通しをよくするための間引き剪定を「弱剪定」といいます。

結実管理

オリーブは、開花後1か月以内に95%が生理落果します。これは養分の消耗を抑えるため、果樹が自然に実を落とす現象です。

受粉は基本的に風媒花ですが、より確実に受粉させるために人工受粉を行ってもよいでしょう。花粉が多く出る午前中、耳かきの梵天の部分で雄しべを軽くなでるようにして花粉をつけ、別品種の花に花粉を落とすように受粉させます。

生理落果後も果実がたくさん残っている場合、花房一つにつき2〜3個残して、手作業で摘果するとよいでしょう。

成熟度と収穫適期

果肉を味わう「テーブルオリーブ」には、緑果を使用する「グリーンオリーブ」と、熟果を塩漬けにする「ブラックオリーブ」があります。さらに種子ごと搾油する「オイル用果実」もあり、それぞれ収

総動員での収穫作業

穫適期が異なります。

グリーンオリーブ　9〜10月頃、果皮の緑色が黄色味や赤味を帯びてきた頃に収穫します。

ブラックオリーブ　10〜12月頃、完熟して果皮が黒紫色になり、果肉も黒くなった時点で収穫します。

オイル用果実　オリーブの果実は、成熟が進むほど果肉内のオイル分が多くなります。採油量を重視する場合は、11月以降に赤紫色から黒紫色になったものを収穫します。

10月下旬の含油率は5％前後ですが、完熟した果実は15〜25％になります。多く搾油したい場合は11月以降、「グリーンオイル」を搾油したい場合は、完熟前に収穫します。

収穫作業

収穫は手摘みで行います。手の甲を下にして、果実を手の中にやさしく包み込むようにして親指と人差し指で果柄の上部をつかみ、軽く引いて傷つけないように収穫します。収穫した果実は高温の場所に置くと傷みやすいので、涼しい場所に保管して、なるべく早く加工します。

　果実を樹につけたままにしておくと、それだけで樹の栄養分がとられ、翌年の生育が悪くなってしまいます。果実の収穫は12月中下旬までに終えるようにしましょう。

病害対策

　オリーブは他の果樹に比べ、病害虫に強く育てやすい果樹ですが、病気や害虫がまったくつかないわけではありません。日頃からよく観察し、耕種的防除で対処しましょう。

オリーブ製品いろいろ

　炭疽病、梢《しょう》枯《こ》病、白紋羽病、オリーブがんしゅ病などの病害にかかるおそれがあります。日頃から樹内の余分な枝を剪定し、風通しをよくすること、発生枝を早めに切り取る、未熟な有機物を施用しないこと、症状が出た株を速やかに除去するなど、対処します。

　天敵ともいえるオリーブアナアキゾウムシを見つけたら、速やかに捕殺します。幼虫は株元や樹皮を観察し、見つけて捕殺します。コガネムシ、スズメガなども同様に。ハマキムシ類は、食害された枝先ごと切って処分しましょう。

増殖のヒント

　萌芽力が強いオリーブは、挿し木で増やすのが一般的。挿し木には、太木挿しと緑枝挿し(細枝挿し)があります。

太木挿し

　強剪定を行ったときに出る直径3～5㎝以上、長さ30cm程度の枝を使った挿し木です。枝が乾いてしまわないよう、剪定後なるべく早く行います。10号程度の植木鉢にオリーブ専用の培養土を入れ、そこに切り取った枝の上部が土から出るようにして挿します。水やりを欠かさず育てていると、2か月~半年で新芽が出てきます。同様に地面に直接枝を挿す方法もあります。

緑枝挿し

3月頃剪定した新芽を挿して苗木を育てます。

①剪定した若い枝から元気のよいものを選び、枝先15cm、葉を4~8枚残し、切り口が斜めになるようにカット。水を入れた容器に2時間ほど挿して水揚げをする。

②挿し床に培養土を入れ、葉が重ならないように注意して5cmほど挿す。常に土が濡れている状態に保つと、2か月ほどで発根する。

③発根した苗を、別の鉢や畑に植え替える。

実生法

種をまいて育てる方法です。オリーブの種は外殻が硬く、発芽率はよくありません。吸水性が上がるようにニッパーなどで切れ目を入れ、種の3倍程度の深さにまきます。3月頃、発芽適温である13~14℃になったらすぐまきます。20℃以上になると発芽しにくくなります。その後、2~3か月で発芽します。

ただし、種から育てて果実をつけるようになるまで、15~20年かかります。さらに実生の樹で育てた果実の種は、基本的に交雑しているため、親木と同じ果実がなるとは限らないので、ご注意ください。

■埼玉県熊谷市

(まとめ協力・三好かやの)

〈参考文献〉
柴田英明編『育てて楽しむオリーブ~栽培・利用加工~』(創森社)
新井利昌著『農福一体のソーシャルファーム~埼玉福興の取り組みから~』(創森社)

第5章

自然栽培による地域再興へ

栗木 政明

結実期のキュウリ畑

農業塾の講習内容

ＪＡはくい（はくい農業協同組合）が運営する自然栽培の研修事業「のと里山農業塾」は、これまで11期で研修生５６８人を送り出し、その一部約20名がＪＡはくい管内で就農しています（２０２２年３月現在）。

研修は1年間で、月1～2回程度の頻度で講義や実習を行います。開塾から3年間は木村秋則氏が塾長を務めていましたが、4年目からは、ＪＡ職員や自然栽培にすでに取り組んでいる農業者が講師を務めています。

ＪＡはくいは、本店近くに羽咋市の所有地を無償で借りて自然栽培の実証圃場を設置しており、ここを利用して、のと里山農業塾の実習や、自然栽培の技術開発に取り組んでいるのです。農業塾の運営費は参加者から徴収する会費と羽咋市からの助成（年間１００万円）で賄っていますが、経費的には厳しい状況にあります。そこで自然栽培に関心があり、理解のある企業に、農業塾運営のスポンサーとなってもらうことなども実現しつつあります。

近年の研修生は毎年20～30名程度ですが、これといった宣伝はしなくても全国から研修生が集まります。研修生となるのは、自然栽培に取り組もうとする農業者、就農希望者だけではなく、例えば自然栽培に関心のあるレストランのシェフなども受講に加わったりします（**図5－1**）。

２０２１年（令和3年度）の研修生30人の内訳は石川県外からが14人、羽咋市以外の県内が13人、羽咋市内は3人となっています。総じて研修生は県外

受講（のと里山農業塾）

先進地の視察、研修

図５-１　塾生数と生産者数の推移

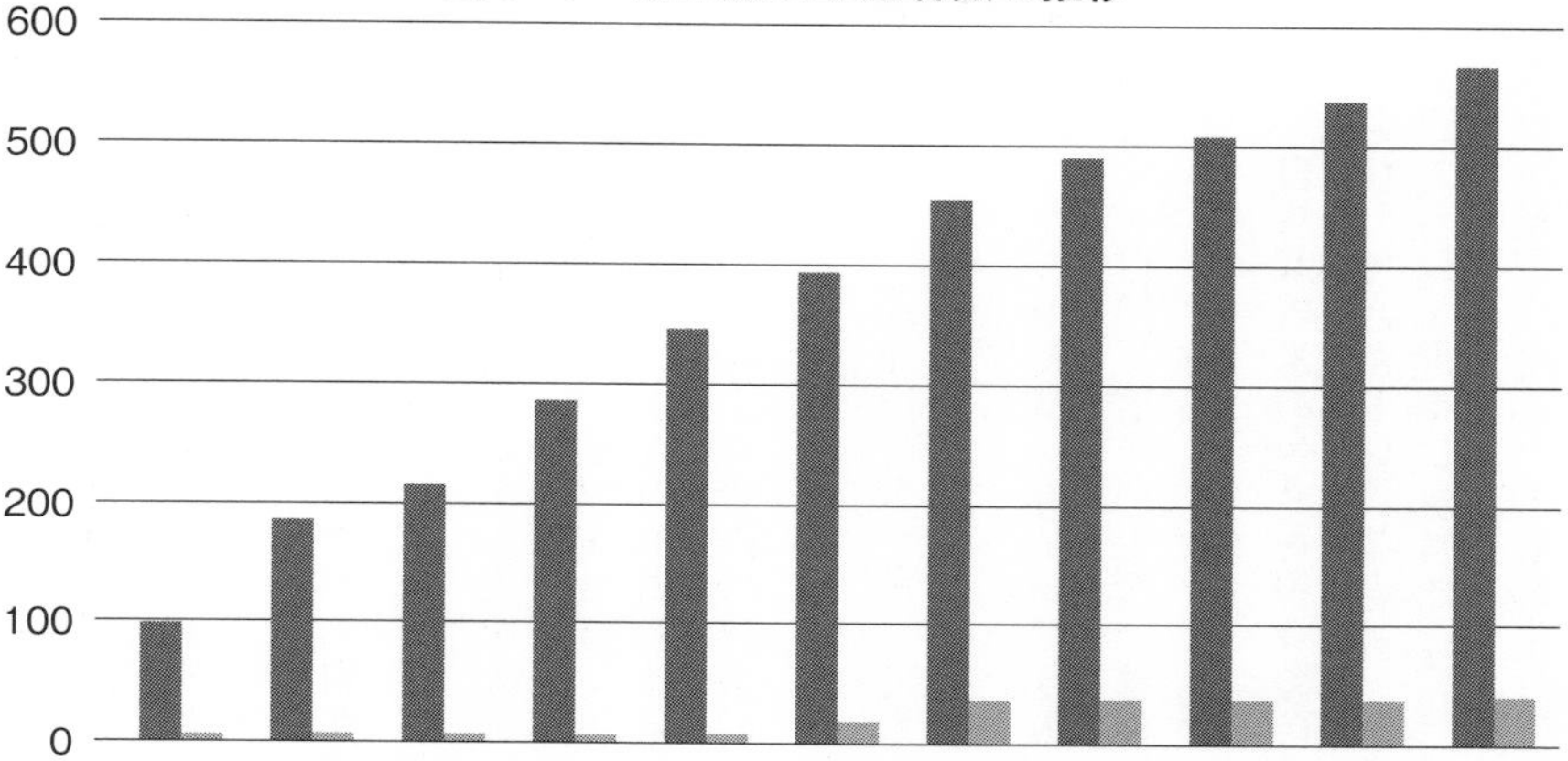

H23実績	H24実績	H25実績	H26実績	H27実績	H28実績	H29実績	H30実績	R01実績	R02実績	R03実績
98	186	216	286	346	394	455	490	508	538	568
6	7	7	7	9	19	37	38	38	38	41

■塾生数（単年度数）　■生産者数（累積数）

からの若い世代が多いということもあり、研修生の負担を減らし日帰りできるように、研修を土曜日午後に設定しています。

２０２２年で卒塾した30人のうち管内で自然栽培に取り組むのは、すでに自然栽培を行っている人、小学生参加者も含めて３人で、家庭菜園を一人で手がけられるほどの技術レベルに達しています。就農者数は最近ほぼ横ばいであり、半農半Ｘのような形で自然栽培を行っている人もおり、以前に比べ、修了後に自然栽培で生計を立てようとする人がいくぶん減少ぎみの傾向にあります。

新規就農者の動向

ＪＡはくいでは、のと里山農業塾とは別に「のと里山自然栽培部会」を設けていますが、部会員の人数は２０２２年現在41人で徐々に増えています。41人のうち半分は地元出身者で、移住者は20人です。他に部会に加入しないで自然栽培に取り組む人は70人ほどいるようです。のと里山農業塾の存在や、すでに自然栽培に取り組む農業者がいることが、自然

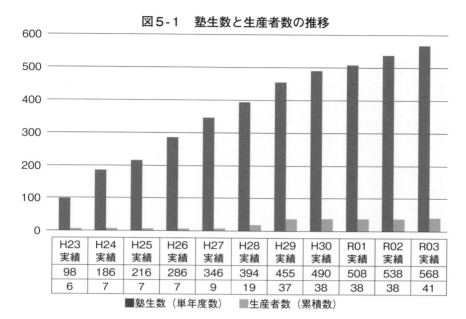

栽培に取り組みたい人々をこの地に引きつけていま す。自然栽培に取り組むために移住してくる人には 若い世代が多く、人口減の歯止めや地域の活性化に も貢献しています。

しかし、現実には部会員のうち自然栽培での経営 が成り立っているのは、もともと農家としての資産 があったり、年金収入がある人を入れて10人程度で あり、移住者のうち生活が成り立っているのは3分 の1程度だろう、とJAの担当者は見ています。41 人の部会員の中にはJA管内の農家の後継者はいま せん。逆に子どもに経営を継承した後の親世代の農 業者がいます。地元出身者であっても、ほとんどが 農外からの参入者といってもよいでしょう。

部会員のうち19人が、約20haで自然栽培米を作付 けています。自然栽培米の生産に移住者が取り組む ためには、農地の確保や機械投資の点からハードル が高く、自然栽培米の生産を担うのは地元出身者が 中心。移住してきた若い農業者は、野菜生産の担い 手になるのが多い傾向にあります。

研修修了後、ほとんどの研修生はそのまま就農し て自然栽培に取り組み、失敗を繰り返しつつ一部が なんとか経営を成り立たせているのが実情です。の と里山農業塾では、自然栽培の栽培ノウハウという より、むしろ考え方・姿勢などを教えることにして います。そもそも自然栽培にはノウハウ、マニュア ルがあるわけではなく、作目、農地の条件などによ りやり方も異なります。

自然栽培の農業者は、アルバイトを雇う余裕がな く、研修に入るのも難しいところがあります。自然 栽培での就農から経営の自立への道は容易なもので はなく、国の助成金でなんとか生計を成り立たせて いる新規就農者もおり、「給付金の終了後が心配」 との話も交わされます。そうしたなかでも、自然栽 培で生活できるようになる農業者は、徐々にですが 増えてきています。

新規就農者へは、あいている農地情報がどんどん 集まる状況下にあります。農地や空き家の情報は、 農家や地元の方々に集まるので、移住者が入り込ん だ集落の環境や、そこでの人間関係などに左右され がちです。

移住した場所でしっかり農業に取り組み、機械や施設も借りられるようになる人とそうでない人がおり、自然栽培に取り組む人の中で前進する人としない人との差がかなり出てきています。いずれにせよ、自然栽培に取り組む人は個人差があり、三者三様、十人十色ともいえます。

そのなかで、移住者が慣行農業も含めた地域農業の活性化に貢献するようにもなっています。クワイの産地に移住した自然栽培の農業者が、担い手不足のクワイ部会に入り、小さめのクワイを商品化・ブランド化したような例も出ているのです。

経営安定への支援

自然栽培での就農者、移住者がある程度増えてきたなか、ＪＡの自然栽培での力点は、当初の自然栽培をアピールして地域に浸透させ、移住者を引きつけることから、これまで就農した人がきちんと生活できるような状態にサポートすることへと変わってきています。

それに向けてＪＡは多様なサポートをしていますが、支援対象となる自然栽培の農業者は絞り込んでいます。例えば、契約栽培を斡旋することがありますが、それに対応した生産・出荷ができる生産者のみを対象としていることです。

そうしたなか、自然栽培のみで生活することを目指す人が次々と就農することには、ひとまず「少し待ってくれ」という姿勢をとります。一例ですが、２０２1年に自然栽培をやりたいと羽咋市に移住した人については、まずＪＡの臨時職員となり、ＪＡの担当業務をこなしつつ自然栽培の実習農場を自然栽培の農業者と1年間一緒に管理し、自然栽培について学んでもらった後に、就農できそうならば就農するということにしています。これまでも、就農前にＪＡの臨時職員などとして雇用し、ＪＡの自然栽培への取り組みを手伝ってもらいつつ就農準備を進める例が何人かあったのです。

次に、地域に定着した具体例を紹介しましょう。

石川県金沢市出身の越田秀俊さん（46歳）は、のと里山農業塾の1期生であり、のと里山自然栽培部会の前部会長でもあります。

２０１０年12月の自然栽培の実践塾に参加。研修中は羽咋市の臨時職員として自然栽培実践塾のスタッフなどを務めました。さらに、宮城県の地域おこし協力隊員として自然栽培の農業者のところで２年間研修した後、妻の出身地でもある羽咋市に移住し、就農したのです。

移住してきた新規就農者は野菜生産者が多いのですが、越田さんは自然栽培米の生産者であり、水田３ha、畑０・５haを妻と経営しています。自然栽培米の生産に取り組む新規就農者としては規模が大きいほうです。

田植え（越田さん夫妻）

苗の生育

自然栽培の米づくりでは、雑草に負けないよう大きな苗を植えるので田植えは慣行栽培より遅くなります。また、気温が高いときに稲を生長させるため、晩生の品種のほうが良く、日本晴を主体にコシヒカリ、農林１号、ひとめぼれ、銀坊主、ハツシモなどを手がけています。また、他にもさまざまな品種を試験栽培しているところです。

越田さんは就農１年目から、苗の雑草対策としてポット稲作に取り組んでおり、良い結果を得ているとのこと。自然栽培米は概して収量が低く、慣行栽培だと10ａ当たり８～９俵ですが、自然栽培米は４俵弱です。そのなかで越田さんは５～６俵程度収穫できているので、地域全体としてもっと技術改良の余地があると感じています。

自然栽培米の販売は当初は苦労しましたが、羽咋市のふるさと納税の対象品となったことで販売は安定するようになりました。コシヒカリはＪＡに出荷、日本晴は宅配、自然食品店、道の駅などを通じて自ら販売しています。２０１７年に羽咋市に「道の駅

図５-２　自然栽培の農地面積、販売高の推移

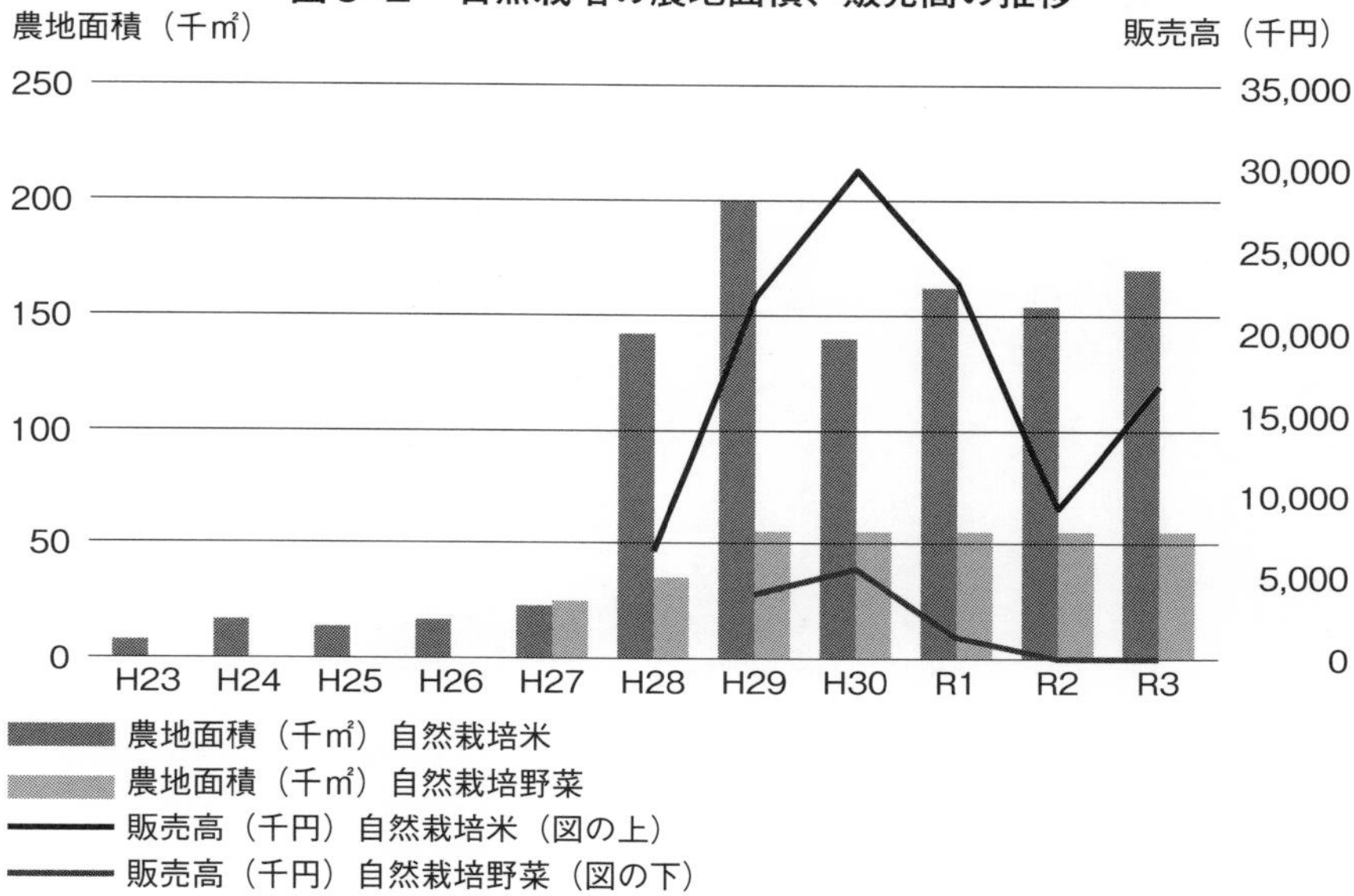

のと千里浜」がオープンし、自然栽培の農産物は道の駅に設けられた直売所の特産品の一つとなっています。

ブランド米としての自然栽培米

自然栽培での農産物はＪＡが全量買い上げていましたが、当初は有機ＪＡＳ（日本農林規格）認証を取得していないこともあり、有機食品などの市場がなく、販売には非常に苦労しました。自然栽培の存在が知られるようになり、ようやく市民権を得たという感じです（**図５－２**）。

販売が伸びたきっかけは、羽咋市が自然栽培米を羽咋米としてふるさと納税の対象にしたことです。これを契機に、地域外でブランド米として認められるようになり、ニーズが出てきました。近年は生協や百貨店、おむすびの会社、ネット販売、レストランなど販路が増えています。地元の学校給食でも調達し、活用しています。

いまでは自然栽培米の需要は年間50ｔあり、それに対して20ｔしか生産していないので、農家に「も

図5-3　自然栽培の特徴を生かした地域のフローチャート

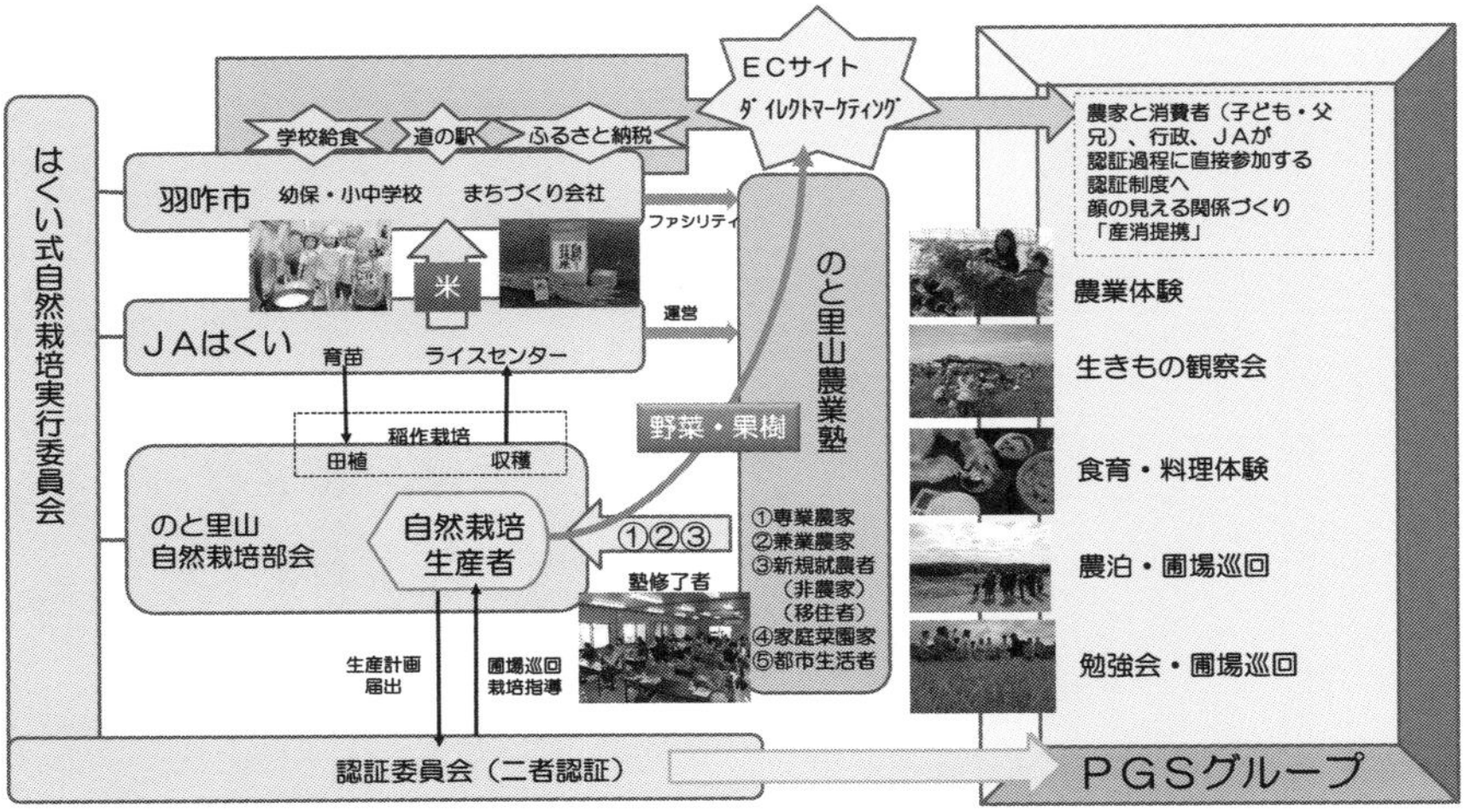

注：①はくい式自然栽培実行委員会は行政、JA、農業者、実需者で構成
②認証は「はくい式自然栽培認証基準」をさす
③PGSは、地域独自の参加型保証システムのこと

っとつくってくれ」といっている状況です。米はJAが全量買い取っており、2016年度、2017年度に販売に苦労した際の買取価格は、当初より安い1俵3万円に下げました。

なお、既存の認証システムである有機JAS認証やGAP（Good Agricultural Practice「よい農業の実践」の略で、農業生産工程管理手法として位置づけられる）認証を取得するには農業者の負担が大きいことなどもあり、現在は「はくい式自然栽培認証制度」といった地域独自の認証制度の導入を検討しています（**図5-3**）。

例えば、IFOAM（国際有機農業運動連盟）が提唱しているPGS（参加型保証システム）のような形態も考えられます。関係者、協力者、購入者などが、農業者やその地域との関係性によって無理なく成り立たせる認証制度を目指そうとするものです。

販路拡充に向けて

かつてJAが全量買い上げていた自然栽培の野

菜については、数年前に取り扱いを廃止しました。年間の販売額が十数人の生産者で１００万円～２００万円という規模であり、ロット面からＪＡの事業としてかかわりきれないため手を引きました。ただし、野菜農家が直接販売するために、販路開拓はサポートしています。

例えば、ミシュランの一つ星を持っている地元のフレンチレストランの監修で「自然栽培野菜のビーガンカレー」がつくられようとしています。そこへ自然栽培の野菜をそれなりの値段で納入できるよう折衝し、販路を開拓したりしています。ただし、このような販路に対して自然栽培野菜の必要とされるロットと品質が供給できる農業者でないと、ＪＡとして責任を持って販売先を紹介できません。そうしたなかで、おのずと自然栽培農家として自立する農業者と家庭菜園程度の農業者とに分かれてしまうことになります。

サンフランシスコで自然栽培米をプレゼン

自然栽培白米のパッケージ袋

さて、ここでアメリカでの自然栽培米の販売についても触れておきます。

サンフランシスコの自然食品店「バイライト」では、羽咋の自然栽培白米３００ｇパッケージ袋が約９ドルで販売されています。１kgに換算すると約３０００円です。おそらくアメリカで最も高価な日本米です。

実は２０１８年1月、サンフランシスコで自然栽培の農産物を紹介する機会をいただきました。フードショーへの出展と併せてイベントでのトークショーもありましたので、ＪＡ職員と農家さんとでチームを編成し、数か月かけてプレゼン資料をつくりあげました。

自分たちの取り組みの紹介はもちろん、その動機、自然栽培に関する研究結果や論文などを整理し、英訳していくなかで、わたしたちはあることに気がつきました。

自分たちが伝えたい自然栽培は、そもそも英語にはないということ。似たような英語はあるのですが、どれも少しニュアンスが異なっていました。そこで、お米のパッケージには大きく「Shizensaibai White Rice」と記載したのです。それは、自然栽培というものが日本独自の農業スタイルであることを示したものです。

シソとダイズの混植

持続可能な取り組み

これまで自然栽培の取り組みについて述べてきましたが、わたしたちの「のと里山農業塾」だけでなく、全国各地にさまざまな自然栽培の組織、グループが派生しています(巻末の255〜252頁の「自然栽培インフォメーション」で紹介)。

もちろん、それぞれの組織、グループの取り組みは自然栽培の基本を踏まえながらも運営形態、対象農作物、流通・販売面などでの違いがあり、多様になっています。しかし、なぜ自然栽培に取り組むのかという根本命題、バックグラウンドは同じはず。初心に帰る意味で、木村秋則氏が必ず伝える「自然栽培の心得」を参考までに共著書から抜き出して紹介します。

「①土づくりには3年かかると心得ること、②生産者によって収穫のばらつきがあると知っておくこと、③これまでの農業の常識を捨てること、④一般栽培や有機栽培とのトラブル回避に心をくだくこと、⑤自らが確立した技術を独り占めせず、いっさい隠さず伝えること」（『日本農業再生論』講談社）

さて、自然栽培は農地生態系に流れる自然循環サイクルを観察、理解し、有効活用して、目的とする農作物を栽培しようとするものです。繰り返しますが、自然栽培は化学肥料や合成農薬を必要としません。堆肥すらも必要としません。

かといって、自然栽培はほったらかしの放置栽培とも異なります。慣行栽培や有機栽培にない知識、技術が求められます。しかしながら肥料と農薬を使わなくても農作物が育つ仕組みが、徐々にわかりかけてきております。自然栽培は、人為的に土壌中の微生物群がはたらきやすい環境をつくりだし、果樹や米、野菜などと共存共栄できる環境を手助けし、整えていく持続可能な栽培法です。

突き詰めれば、自然栽培は自然に寄り添うことであり、自然と人、人と人との関係性を試行錯誤しながら探り、築き上げる持続可能な取り組みともいえます。

自然栽培による多彩な農産物

一般社団法人 農福連携自然栽培パーティ全国協議会（磯部竜太）
〒470-0376 愛知県豊田市高町東山7-43 社会福祉法人無門福祉会内
TEL 0565-45-7883 FAX 0565-45-7886
http://shizensaibai-party.com
＊農福連携と自然栽培の推進

農業生産法人 みどりの里（野中慎吾）
〒471-0067 愛知県豊田市栄生町1-25-7
＊イチゴ、ブルーベリー、米などの自然栽培

三尾農園（三尾保利）
〒645-0013 和歌山県日高郡みなべ町東岩代228
＊ウメの自然栽培

イベファーム（井邊博之）
〒649-0141 和歌山県海南市下津町小南417-2
TEL & FAX 073-488-7680
ibe-farm@wakayama.email.ne.jp
＊柑橘類の自然栽培

NPO法人岡山県木村式自然栽培実行委員会（髙橋啓一）
〒712-8044 岡山県倉敷市東塚4-9-32
TEL 086-441-6701 FAX 086-441-6702
https://www.oka-kimurashiki.jp
＊自然栽培の推進、普及

株式会社 下堂園（下堂園 豊）
〒891-0123 鹿児島市卸本町5-18
TEL 099-268-7281 FAX 099-267-1503
＊日本茶の自然栽培

オクラの結実・開花

キララすもも（野田康博）
〒400-0403　山梨県南アルプス市鮎沢153
TEL 070-6646-5238
＊スモモの自然栽培

JA佐渡自然栽培研究会（林 良宏）
〒952-8502　新潟県佐渡市厚黒300-1
https://www.ja-sado-niigata.or.jp
＊米の自然栽培

合同会社 NICE FARM（廣 和仁）
〒935-0417　富山県氷見市長坂1457
nicefarm714@gmail.com
＊米、野菜の自然栽培

JAはくい（営農部）
〒929-1425　石川県羽咋郡宝達志水町子浦ろ2
TEL 0767-29-3122　FAX 0767-29-3130
＊自然栽培の推進、普及

羽咋市（農林水産課）
〒925-8501　石川県羽咋市旭町ア200
TEL 0767-22-1116　FAX 0767-22-9225
＊自然栽培の推進、普及

砂山ぶどう園（砂山博和）
〒929-1411　石川県羽咋郡宝達志水町柳瀬ト7-1
http://sunayama-budou.blogspot.jp/
＊ブドウの自然栽培

有限会社 飛騨山椒（内藤一彦）
〒506-1431　岐阜県高山市奥飛騨温泉郷村上35-1
TEL 0578-89-2412　FAX0578-89-3328
＊サンショウの自然栽培

ズッキーニの収穫果

健康野菜のニガウリ

野口のタネ・野口種苗研究所（野口 勲）

〒357-0067　埼玉県飯能市小瀬戸192-1

TEL 042-972-2478　FAX 042-972-7701　https://noguchiseed.com/

＊固定種野菜の種の取り扱い

nico（関野幸生）

〒354-0025　埼玉県富士見市関沢3-45-11　関野農園内

http://nico.wonderful.to/

＊無肥料自然栽培を実践、提唱

有限会社サン・スマイル（松浦智紀）

〒356-0052　埼玉県ふじみ野市苗間1-15-27

TEL 049-264-1903　FAX 049-264-1914

https://www.sunsmile.org/

＊無肥料自然栽培の農産物・加工品などの取り扱い

ミニトマトの収穫果

埼玉福興株式会社（新井利昌）

〒360-0203　埼玉県熊谷市弥藤吾2397-8

TEL 048-588-6118　FAX 048-588-8178　http://saitamafukko.com/

＊オリーブの自然栽培など

自然栽培の仲間たち

〒152-0035　東京都目黒区自由が丘1-15-14 白石ビル1F

TEL 03-5726-9173　https://www.ak-friend.com

＊自然栽培の農産物・加工品などの取り扱い

自然栽培やまなし（泉谷 正）

〒408-0019　山梨県北杜市高根町村山東割2337-1　たかねのはな内

TEL 090-8527-7838

＊自然栽培の推進など

相良農園

〒400-0836　山梨県甲府市小瀬町510-5

＊ブドウの自然栽培など

◆自然栽培インフォメーション

（本書内容関連。敬称略。2022年8月現在）

株式会社 折笠農場（折笠 健）
〒089-0624　北海道中川郡幕別町軍岡393
TEL 0155-54-3111　FAX 0155-54-3675
＊ジャガイモ、マメ類などの自然栽培

株式会社 キサラファーム（斉藤 真）
〒089-0356　北海道上川郡清水町羽帯南10線103-6
TEL 0156-63-3000　FAX 0155-21-2247
＊リンゴの自然栽培

パプリカの収穫果

木村秋則
オフィシャルホームページ
http://akinori-kimura.com
＊リンゴの自然栽培、果汁加工

遠野自然栽培研究会（佐々木正幸）
〒028-0503　岩手県遠野市青笹町青笹31-23-2
＊米、野菜、果樹の自然栽培

農業生産法人・株式会社企業農業研究所 なかほら牧場（岡田元治）
〒027-0505　岩手県下閉伊郡岩泉町上有芸水堀287
TEL 050-2018-0112　FAX 050-2018-0178
＊自然放牧酪農と野菜の自然栽培など

有限会社 石山農産（石山範夫）
〒010-0445　秋田県南秋田郡大潟村西2-3-28
TEL 0185-45-2110　FAX 0185-45-2367
＊米の自然栽培

ダイコンの発芽

◆主な参考文献

『新装版 本物の野菜つくり～その見方・考え方～』藤井平司著（農文協）
『つくる、食べる、昔野菜』岩崎政利、関戸勇著（新潮社）
「江澤正平さんの野菜術」（朝日新聞社）
『野菜園芸大事典』野菜園芸大事典編集委員会編（養賢堂）
『都道府県別 地方野菜大全』芦澤正和監修、タイキ種苗出版部編（農文協）
『家庭菜園の不耕起栽培』水口文夫著（農文協）
『野菜の種はこうして採ろう』船越建明著（創森社）
『自家採種入門』中川原敏雄、石綿薫著（農文協）
『自然栽培ひとすじに』木村秋則（創森社）
『有機・無農薬のおいしい野菜づくり』福田俊著（西東社）
『自然農の野菜づくり』川口由一監修、高橋浩昭著（創森社）
『家庭菜園 ご当地ふるさと野菜の育て方』金子美登、野口勲監修（成美堂出版）
『タネが危ない』野口勲著（日本経済新聞出版社）
『はじめよう！自然農業』趙漢珪監修、姫野祐子編（創森社）
『自然農にいのち宿りて』川口由一著（創森社）
『育てて楽しむ種採り事始め』福田俊著（創森社）
『育てて楽しむサンショウ～栽培・利用加工～』真野隆司編（創森社）
『育てて楽しむオリーブ～栽培・利用加工～』柴田英明編（創森社）
『日本農業再生論』木村秋則・高野誠鮮著（講談社）
『木村秋則と自然栽培の世界』木村秋則責任編集（日本経済新聞出版社）
『自然農の果物づくり』川口由一監修、三井和夫ほか著（創森社）
『自然農の米づくり』川口由一監修、大植久美・吉村優男著（創森社）
『種から種へつなぐ』西川芳昭編（創森社）
『ここまでわかった自然栽培』杉山修一著（農文協）
「JA新規就農者支援対策ハンドブック」（JA全中）
「木村式自然栽培水稲マニュアル」（羽咋市農林水産課）
『固定種野菜の種と育て方』野口勲、関野幸生著（創森社）

◆執筆者紹介・本文分担一覧

五十音順、敬称略（役職は2022年8月現在）

新井利昌（あらい としまさ）
埼玉福興株式会社代表取締役。NPO 法人 Agri Firm Japan 理事長。第 4 章

粟木政明（あわき まさあき）＊編纂
JA はくい（石川県）経済部次長。羽咋市と JA はくい共催ののと里山農業塾を運営。第 1、5 章

井邊博之（いべ ひろゆき）
イベファーム（和歌山県）代表。第 4 章

相良京子（さがら きょうこ）
相良農園（山梨県）を運営。第 4 章

砂山博和（すなやま ひろかず）
砂山ぶどう園（石川県）代表。第 4 章

内藤一彦（ないとう かずひこ）
有限会社飛騨山椒（岐阜県）代表取締役社長。第 4 章

野田康博（のだ やすひろ）
キラキラすもも（山梨県）代表。第 4 章

野中慎吾（のなか しんご）
農業生産法人みどりの里（愛知県）代表。第 4 章

廣 和仁（ひろ かずひと）＊編纂
合同会社 NICE FARM（富山県）代表社員。のと里山農業塾講師。第 2、3 章

三尾保利（みお やすとし）
三尾農園（和歌山県）代表。第 4 章

◆「のと里山農業塾」案内

（2022年8月現在）

2011年6月、FAO（国連食糧農業機関）に世界農業遺産として認定されたのが、「能登の里山里海」と「トキと共生する佐渡の里山」。これに先立ち、2010年12月から足もとのJAはくい（山本好和組合長。石川県羽咋市、羽咋郡宝達志水町、志賀町甘田が管内）と羽咋市が連携しながら、世界農業遺産アクションプランとして自然栽培事業に着手した。

カブの生育

塾での視察、研修

事業の大きな柱になるのが、自然栽培で知られる木村秋則氏（青森県弘前市）を招請して開塾した「自然栽培実践塾」。石川県内外から集まった多くの塾生に無農薬・無肥料による自然栽培の米づくりを指導、推進。さらに、2014年から「のと里山農業塾」に名称変更し、改塾するかたちで主に自然栽培の野菜づくりなどを指導、推進し、今日に至っている。

ちなみに開塾期間は例年、4月から翌年の3月まで（ほぼ15回の開催）。全国どこからでも入塾できる。カリキュラムは下記のとおり（2022年度の例）

■4月＝開塾式、オリエンテーション、栽培準備について／〈特別講義〉自然栽培概論、ワークショップ／野菜の播種・定植　■5月＝夏野菜の播種・定植　■6月＝夏野菜の栽培管理　■7月＝先進農家視察研修／夏野菜の収穫　■8月＝秋野菜の播種・定植　■10月＝秋野菜の栽培管理・育苗土づくり　■11月＝秋野菜の収穫　■1月＝〈特別講義〉マーケティングを考えた栽培計画について　■2月＝塾生発表会　■3月＝閉塾式、記念講演

「のと里山農業塾」事務局

〒929-1425　石川県羽咋郡宝達志水町子浦ろ2　JAはくい営農部

TEL 0767-29-3122　FAX 0767-29-3130　eino@hakui.is-ja.jp

◆農作物名さくいん（五十音順）

シュンギクの開花

収穫したラディッシュ

デザイン――塩原陽子　ビレッジ・ハウス
撮影――廣 和仁　三宅 岳　福田 俊
イラストレーション――宍田利孝
取材・写真・資料協力――JA はくい　羽咋市（農林水産課）
野口のタネ・野口種苗研究所　関野農園
NICE FARM　霜里農場　高橋浩昭
ゲストハウスシャンティクティ　林農園
農福連携自然栽培パーティ全国協議会
自然栽培の仲間たち　埼玉福興　船越建明
ほか
執筆協力――三好かやの　村田 央
校正――吉田 仁

監修

●のと里山農業塾

「能登の里山里海」などが世界農業遺産に認定（2011年）されたが、これに先立ちJAはくいでは羽咋市と連携しながら世界農業遺産アクションプランとして自然栽培事業に着手。大きな柱として、米や野菜の自然栽培を学ぶための「のと里山農業塾」（前身は「自然栽培実践塾」。1年15回ほどの講義・実習）を開催。これまで石川県内外からの多くの塾生を送り出し、自然栽培米、自然栽培野菜などの担い手拡充に努め、自然栽培による地域の立て直しに取り組んでいる。

編纂

●粟木政明（あわき まさあき）

JAはくい経済部次長。のと里山農業塾運営。1969年、石川県生まれ。羽咋市とともに自然栽培提唱の木村秋則氏を招請し、米、野菜などの自然栽培事業を展開。自然栽培の農産物の販路拡大に努め、担い手をサポートする。著書に『どう考える？「みどりの食料システム戦略」』（分担執筆、農文協ブックレット）。

●廣 和仁（ひろ かずひと）

合同会社NICE FARM代表社員。のと里山農業塾講師。1981年、富山県生まれ。建築、土木業に従事後、自然栽培実践塾を卒塾して就農。1.2haの田畑を2名の社員とともに自然栽培で切り盛りする。野菜づくりでは、例年、のと里山農業塾の塾生などの視察、研修を受け入れたりしている。

自然栽培《しぜんさいばい》の手引《てび》き～野菜《やさい》・米《こめ》・果物《くだもの》づくり～

2022年10月13日　第1刷発行

監修者――のと里山農業塾《さとやまのうぎょうじゅく》

発行者――相場博也

発行所――株式会社 創森社

〒162-0805 東京都新宿区矢来町96-4

TEL 03-5228-2270　FAX 03-5228-2410

http://www.soshinsha-pub.com

振替00160-7-770406

組　版――有限会社 天龍社

印刷製本――中央精版印刷株式会社

 ISBN978-4-88340-358-5 C0061